Nina Sieverding
Anne Huntemann

SCHAF & MENSCH

LV.Buch

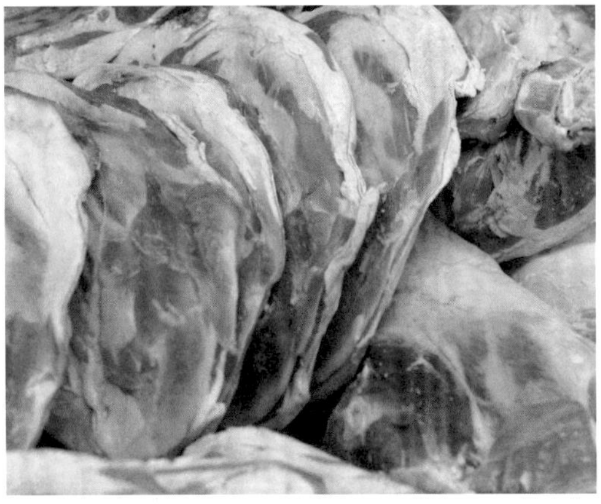

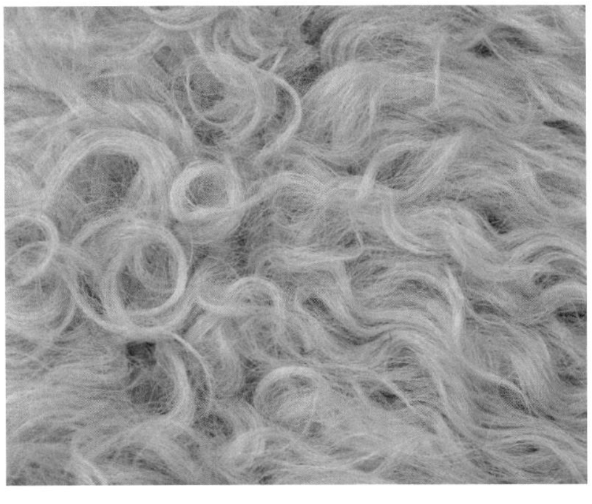

WOLLE

MILCH

FLEISCH

LANDSCHAFTSPFLEGE

ZUCHT: WO HERZBLUT INVESTIERT WIRD

THERAPIE-HELFER & ZUHÖRER: SOZIALE ARBEIT MIT SCHAFEN

Bestandsaufnahme

Vor ein paar Jahren arbeitete ich als Freiwillige in einer Großschäferei. Am ersten Abend zeigte mir der Schäfer sein Land. Zusammen fuhren wir in seinem Geländewagen die Route ab, auf der er täglich kontrollierte, ob alles in Ordnung war. Warum ich mich gerade für seinen Betrieb interessieren würde, wollte er von mir wissen. „Ich weiß auch nicht“, murmelte ich, „ich hatte schon immer so eine Faszination für Schafe.“ Mit zwölf hatte ich beschlossen, dass das unschuldig blökende Schaf mein Lieblingstier sein sollte. Einen ausschlaggebenden Grund gab es dafür nicht. Bei meinem Onkel, einem Landwirt, hatte ich das Landleben kennengelernt – allerdings hatte er nie Schafe gehalten. Trotzdem knipste ich als Jugendliche auf einer Reise durch Irland ganze Filmrollen mit Bildern von Schafen auf grünen, patchworkartigen Weiden voll. Der Nippes in Schafform, den mir meine Schulfreundinnen damals mit großer Regelmäßigkeit zu Weihnachten schenkten, erinnert mich bis heute an diese Zeit. Auch der Schäfer war in keinem landwirtschaftlichen Betrieb groß geworden, seine Familie hatte nie Schafe gehalten. Das Schaf hatte ihn sozusagen gefunden – und uns in gewisser Hinsicht zusammengebracht. Als ich Anne Huntemann, die Co-Autorin dieses Buches, kennenlernte, war es die Liebe zum Schaf, die uns sofort verband. Denn auch sie, selbst Schafhalterin, hatte über Jahre Geschichten von Menschen gesammelt, in deren Leben das Schaf eine besondere Rolle spielt.

Unsere Faszination für das wollige Wesen ist möglicherweise alles andere als Zufall. Schaf und Mensch gehören untrennbar zusammen. Seit der Steinzeit leben sie miteinander in Koexistenz. Bereits neun Jahrtausende vor Christus wurde das Urschaf vom Urmenschen domestiziert. Mit Hund und Ziege gehört es zu den Haustieren der Urgeschichte. Der Mensch hat das Schaf so sehr geprägt, wie es das Leben des Menschen geprägt hat. Am vorläufigen Ende der Evolutionsgeschichte steht dennoch eine einseitige Abhängigkeit. Ohne den Menschen wäre das heutige Hausschaf kaum überlebensfähig, während sich der Homo digitalis wohl auch ganz gut ohne Schaf kleiden und ernähren könnte.

So ist der Trend zum Schaf – zumindest in der Europäischen Union – rückläufig. In der EU sinkt die Zahl der gehaltenen Schafe drastisch, was nicht zuletzt auf die Reformen der europäischen Agrarpolitik zurückzuführen ist. Diese Agrarpolitik ist allerdings nicht das einzige Problem, mit dem sich Schäfer von heute befassen müssen. Der gesamte Beruf ist von einem Strukturwandel betroffen, zudem sorgen harte Arbeitsbedingungen und geringe Bezahlung für Nachwuchsmangel. Der Wolf als Wiederkehrer erschwert die Hütebedingungen in Mitteleuropa zusätzlich. Gute Weideflächen werden aufgrund der hochindustrialisierten Landwirtschaft seltener. Das Interesse an Wolle aus Europa ist im vergangenen Jahrhundert stark zurückgegangen, und das Schaffleisch, das hier auf den Tellern landet, kommt immer häufiger aus Neuseeland oder Australien. Anders als im Nahen Osten ist die kulturelle Bedeutung des Schafs ironischerweise auf dem christlich geprägten Kontinent Nebensache.

Schafe in Deutschland sind vor allem eines – aktive Landschaftspfleger, die Deiche, Moore und Alpenland instand halten und von Bund, Ländern sowie der EU gefördert werden. Doch die EU ist für die Tierhalter Fluch und Segen zugleich. Auf der einen Seite verordnet sie strenge Regularien und zwingt die Schäfer dazu, viele Stunden am Schreibtisch zu arbeiten, die sie nicht mit ihren Tieren verbringen können; auf der anderen Seite sichert sie ihre Existenz. „Ohne die EU gäbe es keinen Schäfer mehr in Deutschland", erzählte mir ein Mitarbeiter vom Niedersächsischen Landesbetrieb für Wasserwirtschaft, Küsten- und Naturschutz. (S. 102) Während meiner Recherche traf ich auf Schäfer, die angesichts alter und neuer Probleme überlegen, ihre Arbeit aufzugeben. Im Europa des 21. Jahrhunderts befindet sich der Beruf des Schäfers in einer Nische, die immer mehr an Bedeutung verliert. Es ist paradox: Während das Interesse an „gutem", biologisch angebauten Essen rasant wächst und das Schaf eines der wenigen Tiere in Deutschland ist, das noch so gehalten wird, wie sich die meisten von uns eine „artgerechte" Tierhaltung vorstellen – auf viel Raum und grüner Wiese, durch wenig Zufüttern ernährt –, scheint der moderne Verbraucher trotzdem kaum etwas vom Schaf zu wissen.

Gibt es dennoch Hoffnung? Wenn es nach dem Journalisten Eckhard Fuhr geht, ja: „Niemand will den Abgesang auf Schafe und Schäfer anstimmen. Im Gegenteil: Politik, Verbände und Medien erneuern immer wieder ihr Bekenntnis zur extensiven Weidewirtschaft, zur Landschaftspflege durch Schafbeweidung, zur umweltschonenden Erzeugung von Fleisch, Milch, Käse und zu dem Rohstoff Wolle […] Wer weiß, vielleicht steht dem Schaf in postindustriellen Zeiten eine grandiose Zukunft bevor als Daseinsstütze für die entwurzelten Bewohner urbaner Zonen."[1] Fuhr wurde im Herbst 2017 bestätigt: Als eine Herde Skudden in der Rolle von Landschaftspflegern auf ein Münchner Hochhaus zog, wurde sie von einer noch viel größeren Herde Menschen euphorisch begrüßt. Auch den Kopf hinter dieser Rooftop-Farm besuchte ich für dieses Buch. (S. 110)

Welche Bedeutung hat das Schaf an anderen Orten im heutigen Deutschland? Ist das Tier nur noch auf den Menschen angewiesen oder kommt der moderne Mensch vielleicht (wieder) zum Schaf? Bei dem Versuch, diese Frage zu beantworten, entdeckte ich ganz unterschiedliche Perspektiven. Zum einen traf ich Schafzüchter und Landwirte, die in eine dunkle Zukunft blicken, zum anderen begegnete ich viel Hoffnung in Form von Initiativen und pfiffigen Landwirten und Unternehmern, die gerade dabei sind, dem alten Tier einen neuen Platz zu suchen.

So viel ist leider sicher: Leicht wird es nicht. In den öffentlichen Fokus treten Geschichten rund um das

Schaf nur selten – so wie auch andere Probleme der Landbevölkerung von den Berichterstattern aus der Großstadt oft übersehen werden. „Darin spiegelt sich auch die umfassendere Geschichte der Menschen, die in der modernen Welt vergessen werden“[2], schreibt der englische Schäfer James Rebanks in seiner Autobiografie. Als Designerin und Redakteurin wurde ich oft belächelt, wenn ich von meinen Recherchereisen von Höfen und Wiesen zurück in die Stadt kam und Arbeitskollegen oder Freunden an dem teilhaben ließ, was ich bei den Schafhaltern auf dem Land erlebt hatte. Dabei sind die Fragestellungen, die sich in der Welt der Schafhalter abspielen, auch für Stadtbewohner essenziell: Was bedeuten die von Mensch und Tier geschaffenen Kulturlandschaften für unser Verhältnis zur Natur? Wie verändert sich unsere Landwirtschaft durch Monokulturen? Welchen Wert messen wir altem Handwerk bei, zum Beispiel dem Spinnen?

Dieses Buch ist der Versuch einer ersten Bestandsaufnahme. Die Kapitel sollen so vielfältig sein wie die Einsatzgebiete und Produkte des Schafs selbst, deswegen gibt es beispielsweise ein eigenes Kapitel über Wolle und eins über Milch. In den Kapiteln kommen Landwirte, Schafhalter, Landschaftspfleger und Designer zu Wort, die ich zusammen mit Anne Huntemann in den vergangenen Jahren getroffen habe. Es war natürlich zeitlich nicht möglich, alle Schafhalter im deutschsprachigen Raum zu besuchen und kennenzulernen. Deswegen bleiben immer noch viele persönliche Geschichten unerzählt – doch auch diesen Schafen und Menschen soll dieses Buch gewidmet sein.

Nina Sieverding

1 Fuhr, Eckhard: Schafe. Ein Porträt. Berlin 2017, S. 14

2 Rebanks, James: Mein Leben als Schäfer. München 2016, S. 18

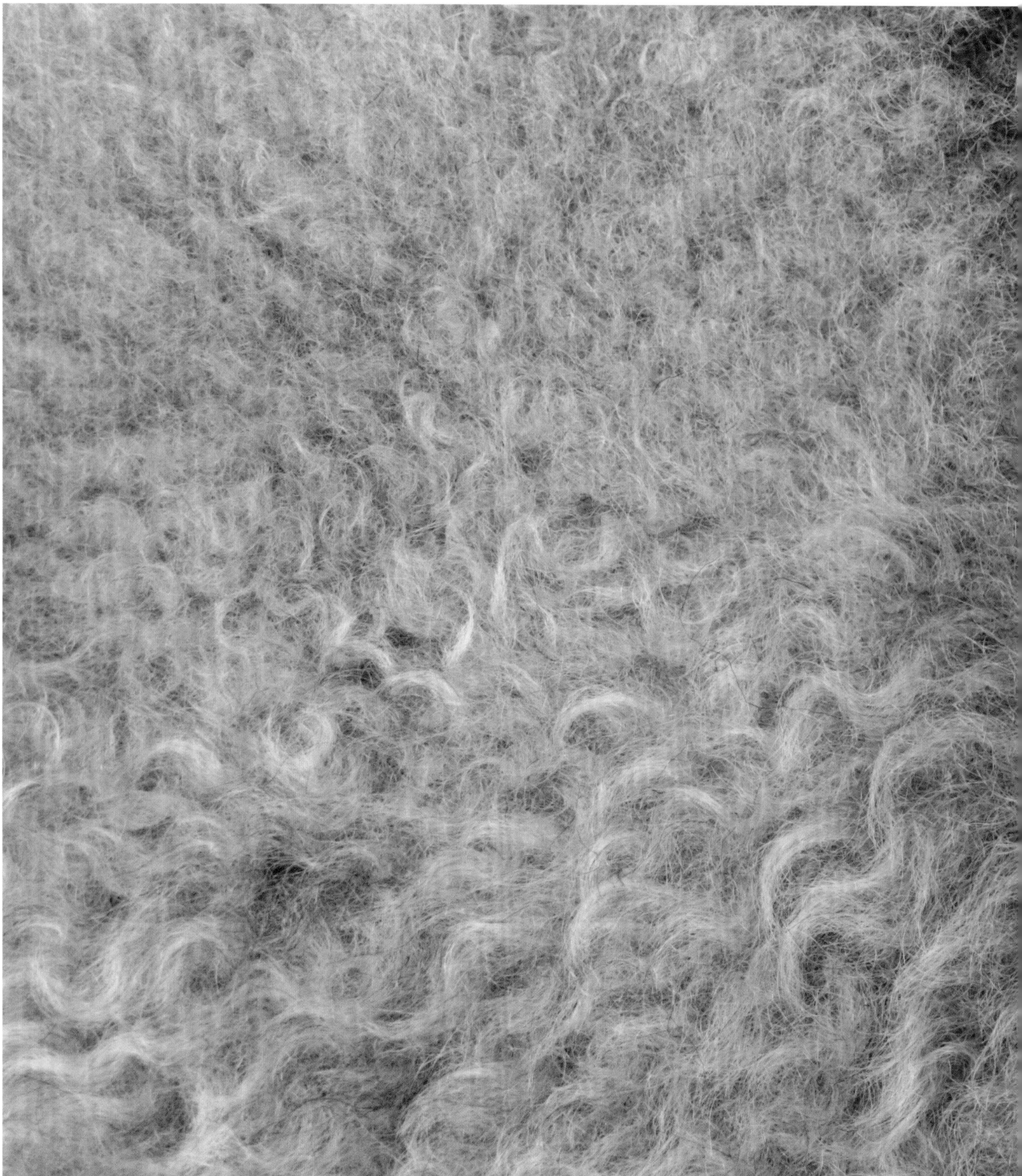

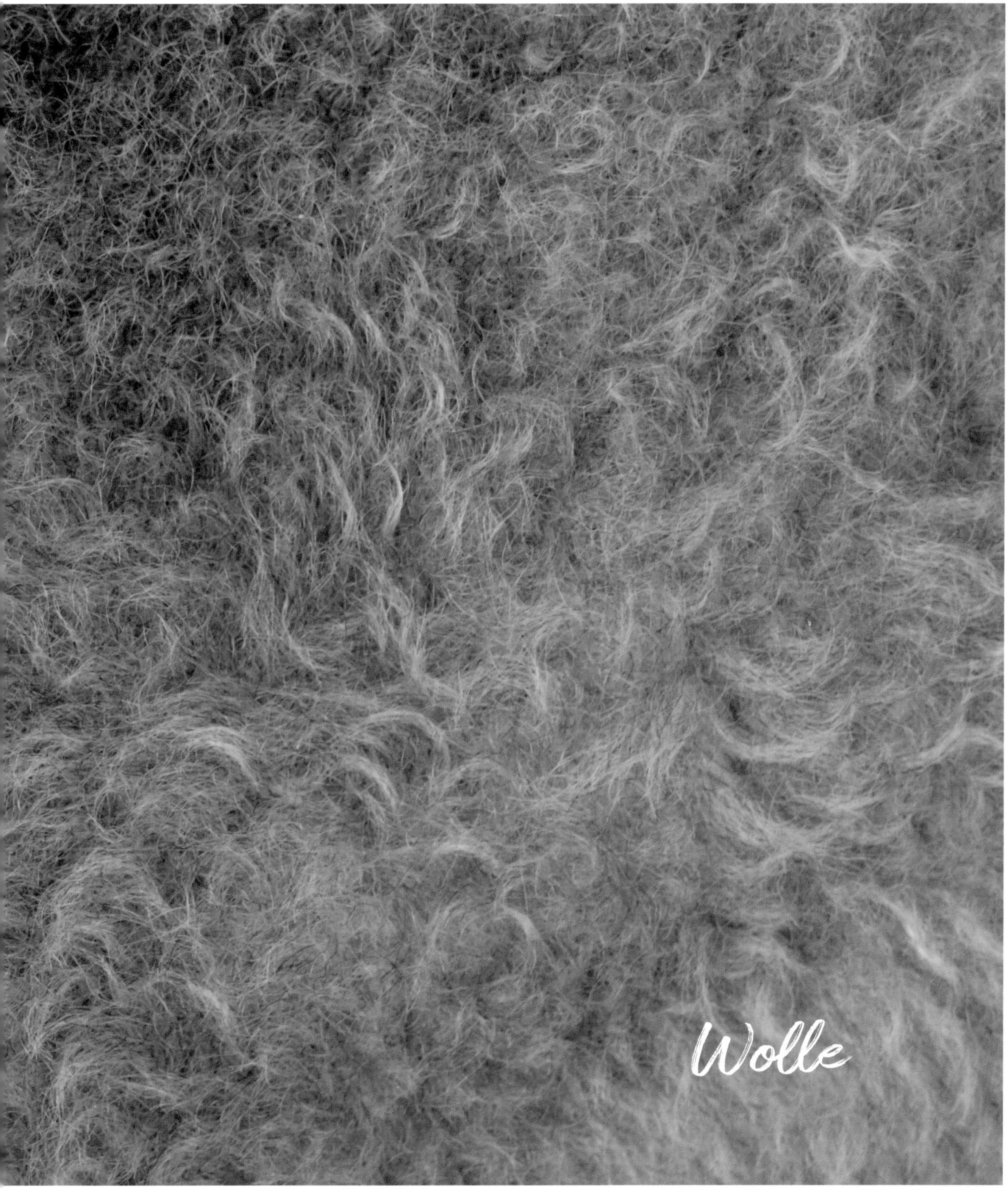
Wolle

Ein neues Gesellschaftsmodell

Wer Patric Cramer vom Finkhof telefonisch erreichen möchte, durchläuft eine Warteschleife, in der eine Schafherde blökt. „Wir haben schon mal überlegt, ob wir die zum Download anbieten“, lacht er. Gleichzeitig macht sie auch etwas anderes deutlich, von dem Cramer später erzählen wird: Denn den Finkhof gäbe es nicht ohne Schafe. Heute ist der Hof aus Arnach eine der bekanntesten Schäfereigenossenschaften in Deutschland. Ursprünglich in den Siebzigern als Kommune gegründet, wurden hier aus Aussteigern Quereinsteiger. Die Genossenschaft verfügt über einen professionellen Onlineshop, das Sortiment reicht von Strickgarnen über gewebte Stoffe bis hin zu Wollfett – und das meiste davon ist aus der Wolle regionaler Schafrassen gefertigt. Im Zuge eines Generationenwechsels übergaben 2018 die alten Kommunarden den Betrieb an vier Nachfolger. Patric Cramer ist einer von ihnen.

Nachdruck vom Original 1979

Schäfereigenossenschaft FINKHOF e.G.

ALLGÄUER-SCHAFWOLLE

Wollverarbeitung und Versand
Winterstetten 53
7970 Leutkirch 3
☎ 07567/1033

Gasthaus „Adler"
St. Ulrich Straße 1
7954 Arnach/Bad Wurzach
☎ 07564/530

Wir wollen keine besseren Chefs! Wir wollen keine!

Was macht die Seele des Finkhofs aus? Patric Cramer schickte als Antwort auf diese Frage einen Nachdruck einer Broschüre von 1979, die die Arbeit und Philosophie der Genossenschaft vorstellt. Die wichtigsten Punkte: „Jeder hat eine Stimme und ist dadurch gleichberechtigt. Alle Produktionsmittel gehören der Genossenschaft […]. Es gibt keinen Chef. Alle Arbeiten sind gleichwertig."

Quereinsteiger werden in der Landwirtschaft anfangs oft genau beäugt. Gab es zu Gründungszeiten viele Vorbehalte dem Finkhof gegenüber?
Wir waren nicht nur Quereinsteiger, sondern wollten ein neues Gesellschaftsmodell, selbstbestimmt organisiert, ohne Chefs. Da gab es natürlich einige Konfliktpunkte. Über unseren Gasthof bekamen wir aber relativ schnell Kontakt zu einigen Dorfbewohnern und veranstalteten viele öffentliche Diskussionsrunden. Die Landwirte waren eher hilfreich – „Die schaffen ja richtig" – und man war auf Zusammenarbeit angewiesen.

Wie schafft man es, sich als Kollektiv über so viele Jahre lang hinweg zu organisieren?
So lange diskutieren, bis man sich einigermaßen einig ist. Das ist mühsam und zäh und manche Entscheidungen brauchen lange. Parallel haben wir aber schon viele Dinge ausprobiert, zum Beispiel in Bezug auf das Gesellschaftsmodell: Wie ist es denn, sich selbstbestimmt zu organisieren, ohne dass es einen Chef gibt? Ziel war, dass man sich weitgehend selbstverwaltet. Das Ganze genossenschaftlich organisiert, denn dem Ganzen musste man einen rechtlichen Rahmen geben. Es mussten aber auch praktisch Dinge ausprobiert werden: Wie ist es denn, wenn im Arbeitsbereich Schäferei sieben Menschen arbeiten? Es gab eine Zeit, in der war alles offen, da hat man verschiedene Arbeitsmodelle ausprobiert. Und dann: Was macht man aus der Wolle, was gibt es für Produkte? Da wiederum hat man viel verworfen. Das war immer ein Prozess.

Die Zielsetzungen waren unterschiedlich: Die einen wollten eher handeln, die anderen wollten reine Selbstversorgung. Heute sind wir eher ein Handelsunternehmen. 1982, als ich hier angekommen bin, waren hier um die 35 Menschen, heute haben wir neun Altgenossen: 35 zu neun, das war immer schwankend. Irgendwann gab es auch keine Möglichkeit mehr, neu dazuzukommen. Manchmal wird man einfach müde, wenn da immer neue, motivierte Menschen ankommen, die neue Sachen ausprobieren wollen – man diese Sachen aber schon Jahre vorher ausprobiert hat.

Wie kann man sich einen Generationenwechsel beim Finkhof vorstellen?

Es war länger angekündigt, dass wir 2018 den Generationenwechsel machen wollen. Teilweise sind die Nachfolger auf dem Finkhof aufgewachsen oder haben seit mehreren Jahren auf dem Finkhof mitgearbeitet. Jetzt sind es neun Altgenossen, plus vier Neugenossen. Fünf von den „Alten“ arbeiten noch ein wenig mit, sie ziehen sich aber immer weiter zurück und die Neuen übernehmen das Ruder. Am Anfang gab es etwas Skepsis, inzwischen ist volles Vertrauen da.

Worauf muss man achten, wenn man Wolle von regionalen Rassen wie dem Coburger Fuchs verarbeitet?

Man muss sich bewusst sein, dass man aus regionaler Wolle niemals ein „feines Stöffchen“ machen kann, wie man es von Merinowolle aus Übersee gewohnt ist. Ansonsten ist die Verarbeitung wie bei der Wolle von Merinolandschafen. Früher hatten wir 700 Merinolandschafe, aber wir sind da im Zuge des Generationenwechsels geschrumpft. Wir sagten uns aber: Finkhof ohne Schafe, das geht gar nicht. Wir hatten ja hier die Infrastruktur, 50 Hektar rund um Arnach, die seit so vielen Jahren biobewirtschaftet werden und den Schafstall, es war ja alles schon da. Wir haben jetzt eine Schäferin, die hier auf dem Finkhof ihre Lehre gemacht hat und auch hier in der Schäferei gearbeitet hat, mit einer kleinen, hofeigenen Herde: 100 Rhönschafe und 100 Coburger Fuchsschafe. Das hat uns dazu gebracht, von anderen biozertifizierten Schafhaltern, die diese Rassen halten, ebenfalls Wolle einzukaufen. Die Wolle fließt in Socken und Wolldecken ein. Die Rhönwolle eignet sich super als Stabilisator für Sockenwolle, weil sie von der Faser sehr robust ist – und die Fuchswolle ist wirklich einfach schön, für mich ist das eine der schönsten Schafrassen überhaupt.

Sie arbeiten mit verschiedenen Partnern zusammen; Spinnerei in Ostdeutschland, Wäscherei in Belgien. Worauf muss man achten, wenn man mit so vielen Partnern und anderen Unternehmen Kontakt hat?

Wir kennen alle Produktionsstätten und haben ein gutes Verhältnis zu ihnen, sie sind alle im deutschsprachigen Raum – außer Traitex in Belgien, aber die sprechen auch Deutsch – und so kann man Klartext reden und versteht sich. Wir fahren regelmäßig zu den Partnern und haben das Glück, dass viele Partner nicht weit weg sind. Die ganze Textilindustrie in der Schwäbischen Alb, die so noch existiert, da haben wir einige Partner. Da fahren wir eigentlich so im Februar und März hin und präsentieren neue Ideen und holen uns neue Ideen ab. Ende Januar ist immer die Innatex bei Wiesbaden, die Fachmesse für Naturtextilien, wo wir ganz viele von unseren Partnern treffen, die weiter entfernt sind.

Ich persönlich möchte bei allen Partnern mal gewesen sein, alle Betriebsstellen mal gesehen haben. Nur im direkten Kontakt bekommt man mit, was die Leute für Werte haben, wie die ticken. Und auf der anderen Seite erleben die uns dann auch und wir können unsere Werte vermitteln und kommunizieren, was wir wollen. Vieles ist einfacher, wenn man sich schon mal gesehen hat und wenn ich weiß, wie groß der Betrieb ist. Das ist die Grundlage für ein gutes, vertrauensvolles Miteinander, dass man sich mal gesehen hat. Das ist extrem wichtig, ich könnte mir das anders nicht vorstellen. Natürlich ist es dann viel einfacher, per Mail oder am Telefon zu kommunizieren. Wir wollen ein gutes Verhältnis zu unseren Produzenten, wir feilschen nicht. Es geht darum, dass jeder in der Kette davon etwas hat. Das kann man gut vermitteln, wenn man sich persönlich kennt.

Der Finkhof hat das wohl größte Produktsortiment einer Wollgenossenschaft in Deutschland. Wie hat sich das Sortiment über die Jahre aufgebaut?

Am Anfang war es weiße, braune, melierte Wolle und Felle. Dann kam unsere Färberei dazu, mit farbiger Wolle. Wir fanden eine Gerberei in Süddeutschland – so konnten wir die Felle auf unterschiedliche Arten gerben lassen, zum Beispiel pflanzlich oder mit Relugan. In der Fellnäherei werden schlechte Felle und Reste aufgearbeitet, in der Weberei Teppiche gewoben, Steppdecken und Matratzen entstehen in Zusammenarbeit mit einem Matratzenhersteller, der früher Genosse war. Der hat sich dann selbstständig gemacht mit einer Matratzenproduktion hier ums Eck, da sind wir ganz eng im Austausch. Die Wolle, die in den Matratzen verarbeitet wird, die ist von Herden, die wir kennen, wo wir die Wolle einkaufen. Das war mir sehr wichtig. Bei anderer Wolle weiß ich nicht, wo sie herkommt. So kam eins ums andere, bis wir dann Auftragsproduktionen wie Strickgarne und reine Handelsware ins Programm aufgenommen haben. Wir hatten eine Phase in den 1980er-Jahren, wo wir die Garne selbst gemacht haben, aber da haben wir festgestellt: Für alles gibt es Profis, und es ist auch gut, dass es sie gibt. Und am besten unterstützt man die dadurch, dass man denen Arbeit gibt. Denn sonst ist das eine aussterbende Produktion in Deutschland, es ist eh schon dünn genug. Wir fahren schon gern das Selbermachen-Ding, aber für manches braucht man Profis. Wenn man das mal abgekoppelt sieht, gilt es natürlich ganz genauso für den Onlineshop. Unsere erste Webseite haben wir noch selbst zusammengebaut, aber so eine gewisse Professionalisierung ist nicht schlecht. Es gibt Leute, die haben ihr Handwerk gelernt, manche seit Generationen, von der Pike auf – zum Beispiel bei der Wolle. Die wissen auch viel eher, wo das Problem liegt. Wenn man sich das alles erst mal selbst erarbeiten muss und dann noch nach dem Prinzip der Kommune lebt – „Jeder sollte alles können" – dann wird es manchmal recht bitter und nicht mehr lukrativ. Weil man auch was dabei verdienen muss, sonst funktioniert es nicht.

Was sind die Nachteile, wenn man online Wolle verkauft – ein Produkt, bei dem Haptik so wichtig ist?
Für Menschen, die unsere Wolle und unsere Wollprodukte nicht kennen, ist es wohl manchmal überraschend, wie „robust" unsere Wolle ist – die Waren kommen dann mit dem Vermerk „zu kratzig" zurück.

Welches Wollprodukt wird am meisten nachgefragt?
Unsere naturfarbenen Strickgarne und die Produkte daraus: Troyer, Jacken, Socken …

„Finkhof ohne Schafe, das geht gar nicht."

Dreißig Cent

China braucht Wolle. Seit Jahren zählt der Rohstoff zu den begehrtesten Importprodukten der Volksrepublik. Der Großteil wird aus Australien herangeschafft, und auch für deutsche Erzeuger ist China ein wichtiger Abnehmer. Zuletzt zeigten die Chinesen allerdings weniger Interesse an dem Material. Im Januar 2018 sank der Kilopreis hierzulande auf 30 Cent. Davon kann ein Schäfer gerade mal seinen Schafscherer bezahlen. Angesichts dieses Verlustgeschäfts möchte Schäfer Christoph Weihe die Wolle seiner Schafe vorerst nicht verkaufen, sondern einlagern, für bessere Zeiten.

Die spinnt doch

Leonie Guzy macht Wolle zu Fäden und Fäden zu Kleidung. Ein Gespräch über Schafrassen, Materialkunde und den Einfluss der Psyche auf das Stricken.

Leonie Guzy sitzt in ihrem Zimmer auf dem Bett, auf dem Boden sind handgesponnene Wolle und Strickproben verteilt. „Ich steck ganz tief drin, ich mach mich selbstständig!", ruft es fröhlich aus dem Wollberg. Leonie studierte nach dem Abitur zunächst Kunstwissenschaft in Braunschweig – schon damals saß sie strickend in den Vorlesungen. Abends schneiderte sie in ihrem Schlafzimmer Klamotten im Stil der Sechziger. Wenig später zog sie für ein Designstudium nach Bremen. Das Thema ihrer Abschlussarbeit: Heimische Schafrassen und ihre Wolle. Jetzt wagt Leonie den Sprung in die Selbstständigkeit: Sie wird Strickdesignerin und wünscht sich ein eigenes Label, das die Wolle regionaler Schafe verwertet. Bereits jetzt wurde sie im Nachwuchswettbewerb des Handarbeitsbranchenverbands „Initiative Handarbeit" ausgezeichnet.

Leonie, wie bist du zum Strickdesign gekommen?
Ich habe immer nebenher gestrickt. In meinem zweiten Semester hatte ich einen Kurs mit Sabine Gallei, Absolventin der Hochschule für Künste Bremen, die in Berlin als Strickdesignerin unterwegs ist. Gemeinsam mit der Professorin Ursula Zillig bot sie einen Kurs über Oberflächen an. Wir haben einige Techniken behandelt, aber die erste war Stricken und dabei bin ich geblieben. Aber der richtige Auslöser war eine Ausstellung in Bremen: Eine Fotografin hatte ein Schaf fotografiert und eine Designerin einfache Kinderjäckchen aus grober Wolle dazugehängt. Da habe ich gemerkt: Ich hab' Bock, ich mache Strickdesign! Ich hatte ja schon Modekurse belegt und Schnitte erstellen gelernt und dabei festgestellt, dass ich Nähen zwar mag, mich aber dieses exakte Arbeiten stört. Beim Nähen musst du millimetergenau arbeiten, wenn es gut aussehen soll. Beim Stricken hast du einen Faden und kannst daraus etwas in den Raum hineinbauen, das viel gnädiger mit dir ist: Du kannst ganz simple, geometrische Sachen wie Rechtecke stricken, und sie legen sich trotzdem um den Körper und schmiegen sich an, je nach Nadelstärke, Garn und Muster. Je nachdem, welches Muster du strickst, ist es mal elastisch, mal fest. Das ist viel spannender, als sich nur eine Form auszudenken und dann den passenden Stoff dazu zu suchen, den du aber nie wirklich findest, weil dir keine Firma die passenden Stoffe zu deinem Entwurf entwickelt. Beim Stricken geht das aber: selbst textile Oberflächen zu gestalten und den Schnitt, wie du's brauchst, zusammenzuarbeiten.

Wie bist du auf das Thema Regionale Wolle gestoßen?
Ein Jahr vor dem Bachelor bin ich ins Wendland gefahren und habe mir die Abschlussarbeit von Michelle Mohr angeschaut. Sie hat gefilzte Fäden mithilfe einer Makrameetechnik zu Teppichen verarbeitet und vegane Felle aus Wolle gefilzt. Ich fand ihr Thema, regionale Schafrassen, spannend. Wie verschieden die Rassen sind und dass viele auf der Roten Liste stehen. Durch das Stricken bin ich sowieso langsam darauf gekommen, dass man mehr Ahnung von Materialkunde haben muss: Wie ist das Material gezwirnt, was hast du da überhaupt? So wuchs mein Wunsch, mehr Ahnung zu haben, wann man welches Material am besten einsetzt. Ich wollte es von der Grundfaser her lernen und habe darum einen Spinnkurs belegt. Am Anfang dachte ich, das wäre nichts für mich – ich hatte meine textilen Techniken bewusst aufs Stricken beschränkt. Es ging dann aber ziemlich flott und war so meditativ. Ich finde es spannend, was es vor Ort für Rohstoffe gibt. Da ich seit meiner Kindheit ans Meer fahre und dort immer Schafe auf dem Deich stehen, habe ich angefangen, mich dafür zu interessieren, was eigentlich mit deren Wolle passiert. Und dann fand ich heraus, dass die meistens weggeschmissen wird, und dachte mir: Moment mal!

Wo hast du die Wolle gefunden?
Ich habe viel recherchiert, erst im Internet, dann bei den Landeszuchtverbänden. Anfangs habe ich bei

Ebay Vliese gekauft und viele von einem Kommilitonen, über Spinnereibedarfsstellen oder über Bekannte bekommen. Dann kamen die Leute zu mir: „Eine Bekannte hat noch Schafwolle, soll ich sie dir besorgen?" Plötzlich sind nämlich überall Schafe!

Von wie vielen unterschiedlichen Schafrassen hast du Wolle verarbeitet?
In meiner Arbeit sind es acht. Allerdings bekam ich nicht alle verarbeitet. Ich habe jetzt Zwartbles, Milchschaf, Coburger Fuchs, Jakobschaf, Heidschnucke, Rauwolliges Pommersches, Texel, Bentheimer Landschaf und Leineschaf.

„Wertwoll" – so heißt Leonies Kollektion, die als Abschlussarbeit entstand.

Was hast du mit den Vliesen gemacht?
Erst habe ich Proben rausgerupft und mit Soda gewaschen. Die habe ich mit der Handspindel gesponnen, weil ich mir kein Spinnrad leisten wollte und ich es spannend fand, das kleine Gerät zu nehmen und auf die einfachste Art und Weise einen Faden herzustellen. Der Vorteil ist, dass du es überall mit hinschleppen kannst. Den Faden habe ich zu einem Knäuel gewickelt, das 24 Stunden ruhen muss. Später habe ich es gehaspelt und nochmals ruhen lassen, wieder aufgewickelt und gewaschen, trocknen lassen und Knäuel gewickelt, um daraus zu stricken. Von den verschiedenen Sorten habe ich Strickproben gemacht, um herauszufinden, mit welchen ich intensiver arbeiten will. Das war am Anfang nicht klar, mein Thema war einfach nur, mit deutscher Wolle zu arbeiten.

Mit welchem Ziel?

Ich wusste zu dem Zeitpunkt nicht, ob ich in Richtung Mode gehe oder einfach nur eine Bibliothek mit Woll- und Strickproben anfertige, ein Produkt entwickle oder ein Manifest für deutsche Wolle schreibe. Dann hatte ich die ersten Garne in der Hand. Bis heute inspirieren die mich total. Ich fand es interessant, ob man die Garne überhaupt tragen kann, weil sie schon wesentlich kratziger sind als Garne, die man sonst im Alltag trägt. Es ging darum, zu gucken: Wie bekommt man deutsche Wolle interessant für Kreative in meinem Alter? Bei meinem ersten Wollknäuel hatte ich einen Blouson vor Augen, weil die in dem Jahr Trend waren, in dem ich meinen Abschluss gemacht habe. So ein Trendmodeteil zu nehmen und das einfach mal in kratziger Wolle umzusetzen, zu verbinden mit diesem uralten Material, das die Menschen früher ja wirklich getragen haben.

Letztendlich ist es ja wirklich ein Blouson geworden.

Ja, wir haben drei Entwürfe ausgewählt, die ich umgesetzt habe. Dafür musste ich Massen an Wolle verspinnen. Bei der Recherche bin ich darauf gestoßen, dass Informationen über deutsche oder europäische Wolle unglaublich trutschig aufgezogen sind. Das Thema hat eh einen verstaubten, langweiligen Anklang. Ich war am Anfang viel unterwegs, zum Beispiel bei einem Schäferfest. Da saßen drei Frauen von einer Spinngilde mit ihren Spinnrädern. Ich habe sie angesprochen und wir kamen gar nicht ins Gespräch, weil die das wohl gar nicht erwarteten. Inzwischen besitze ich übrigens zwei Bücher von der Spinngilde – die mag man aber nicht so richtig durchblättern, weil die optisch nicht so schön gestaltet sind. Ich finde das schade, weil man doch eigentlich die Leute überzeugen sollte, dass Spinnen etwas Spannendes ist. Hier müsste man ansetzen und überlegen, wie man das Thema zielgruppenorientiert aufbereitet. Wenn ich jetzt zum Beispiel meine eigene Generation erreichen will, die zu Konzerten geht, etwas für Nachhaltigkeit und Ökomaterialien übrighat und trotzdem nicht aussehen will, als hätte sie einen Jutesack an, muss ich viel machen. Deswegen habe ich meine Dokumentation als Plattencover gestaltet. Musik liebe ich – ich spiele zwar kein Musikinstrument, aber dafür andere Instrumente: die Handspindel, das Strickrad und die Stricknadeln.

Die Handstrickszene hat ein Bedürfnis zu wissen, woher die Wolle kommt und ob die Schafe gut behandelt werden. Trotzdem schafft es kaum jemand so richtig, regionale Wolle an die Handstricker zu bringen, die das Geld und das Werteverständnis hätten – denn die geben ja durchaus Geld für gute Garne aus, aber dann eben für Alpaka aus Peru.

Das ist echt so eine Sache! Es gibt einige Leute hier und da, die in Deutschland Garne produzieren. Ein bisschen Garn habe ich zum Beispiel aus dem Wendland von Ute Luft. Dann gibt's im Sauerland die Spinnerei Dickel – da lässt gefühlt ganz Deutschland spinnen.

Kann man auch als Privatperson Wolle dorthin schicken?

Ja, ab 20 Kilo. Der Besitzer kann sich aber aussuchen, welche Aufträge er annimmt und wie schnell er sie umsetzt. Wenn er Urlaub macht, macht er eben Urlaub, und wenn du drängelst, kommst du vielleicht gar nicht zum Zug. Das ist planungstechnisch schwierig mit einem normalen Modezyklus, in dem du etwas aufziehen möchtest und ein bisschen vom Zeitrahmen abhängig bist. Und wenn du frei von solchen Zwängen bist, dann gibt's nur was, wenn's was gibt, aber an so etwas musst du deine Kunden erst gewöhnen. Ich hatte ebenfalls überlegt, ob man nicht irgendwie ein Konzept ausdenkt, um die Akteure zusammenzubringen, zu sammeln, zu vernetzen und sie an die Hand zu nehmen, PR-Arbeit für sie zu machen und einen Service anzubieten.

Daran habe ich auch gedacht – es müsste eine Art Onlineshop geben, der einzelne Schäfereien anfragt und von ihnen Wolle bezieht. Oder überhaupt katalogisiert, was hergestellt wird. Viele Produzenten gehen – wenn überhaupt – auf Kunsthandwerkermärkte und verkaufen da ein, zwei Knäuel.

Ich habe zum Schluss meiner Recherche sogar noch kleine Wollkämmereien gefunden, aber da musst du richtig suchen. Wenn du spontan ein deutsches Garn haben möchtest, dann findest du das nicht so leicht. Auf jeden Fall also eine gute Möglichkeit, entweder einen Onlineshop zu machen oder einen Vernetzungsservice zu starten, etwa eine Website, auf der es dann alle Informationen gibt.

> „Ich spiele zwar kein Musikinstrument, aber dafür die Handspindel, das Strickrad und die Stricknadeln."

Es fehlt wahrscheinlich eine Tradition. Die Schotten vermarkten ihre Wolle beispielsweise besser, weil sie eben eines der Hauptprodukte ihres Landes ist. Die traditionellen Pullover sind nicht nur eine Attraktion für Touristen …

In Großbritannien ist es Landeskultur. Aber die ganze Wollverarbeitungsgeschichte in England sitzt ein bisschen tiefer, dadurch, dass auf der Insel das Klima für die Schafe gut ist, besonders für die Misch-Crossbred-Rassen, wo viel Merino drin ist, das relativ fein ist. Im 14. Jahrhundert hatte jeder Landstrich dort seine eigene Schafrasse, seine Spinntechnik … und im nächsten Dorf wurde alles schon wieder anders gehandhabt. All das war weltweit hoch angesehen.

Hast du herausgefunden, ob es auch eine deutsche Handstricktradition gibt?

Nein, da habe ich nichts gefunden. In Süddeutschland vielleicht noch die Trachtenjacken, die vor Ort verarbeitet und von den Leuten getragen werden, das hat Tradition. Aber in Norddeutschland gibt es gar nichts mehr. Vielleicht findet man im Fischereimuseum noch irgendwas über Fischerpullover – etwa, dass sie aus Rohwolle waren, handgesponnen und gestrickt von den Fischerfrauen. Es gibt auch das Label Nordwolle auf Rügen: zwei Jungs, die das Rauwollige Pommersche Landschaf wieder bekannt machen wollen. Sie haben erst eine Kapuzenpulloverjacke entwickelt und dann haben sie in den letzten Jahren ein Label aufgebaut. Die werben mit der Faser an sich und damit, dass das Schaf auf Rügen so gut gedeiht und zur Inseltradition gehört.

Eigentlich komisch, wo doch andere europäische Länder wie zum Beispiel Estland eine berühmte Strickkultur aufweisen können. Vielleicht war Deutschland eher ein Weberland?

Das könnte sein, aber zu einem wirklichen Markenzeichen hat es nicht gereicht. Als norddeutsche Deichmode kennt man höchstens noch den Regenmantel Westermann. Interessanter wäre aber eigentlich so etwas wie der Stil des Labels Gudrun & Gudrun von

Die Kollektion „Drei Grazien“ entstand im Rahmen des Nachwuchswettbewerbs des Handarbeitsbranchenverbandes. Leonie wurde damit zur „Designerin von morgen“.

den Färöer-Inseln, die machen tatsächlich modische Klamotten.

Ich habe die Autobiografie von James Rebanks gelesen, einem Schäfer aus dem englischen Lake District. Er sagt, er habe sein Buch geschrieben, damit Leute wie er überhaupt einmal öffentlich in Erscheinung träten.

Ja, es gibt den Wanderschäfer Sven de Vries, der ist einer der Ersten, der soziale Netzwerke als Aufmerksamkeitsbeschaffer, Aufklärungsmedien und Hilfsmittel nutzt. (S. 118) Aber bei der Suche nach Rohwolle bin ich nur auf schlecht gestaltete Websites aus den Anfängen des Internets gestoßen. Und wenn ich dann mal was gefunden hatte, sprach es mich nicht an. Ich hatte überlegt, eine Kampagne zu gründen, bei der man eine Schafwoll-Band zusammenstellt, eine Tour plant, rumfährt, Veranstaltungen macht – und dann spinnt man einfach vor sich hin oder macht Musik mit Handarbeitsgegenständen. Dass man die Leute abholt mit dem Festival- oder Bandcharakter und dieses verstaubte Thema einfach mal gut verkauft: „Deutsche Wolle. Handgesponnen. Naturgefärbt." *(lacht)* Und sich tatsächlich ein bisschen als Sprecher und Ansprechpartner für das Thema sieht.

Was fasziniert dich an handgesponnenem Material, wenn du es mit gekauften Garnen vergleichst?

Es hat einfach so viel Lebendigkeit. Dadurch, dass man beeinflussen kann, wie gleichmäßig man spinnt oder wie die Rohfaser ist, entstehen dünne Stellen oder dicke. Es kommt darauf an, wie die Faser gewaschen ist und was du gerade dabei denkst, wie du gerade drauf bist. Mich macht das im Herzen froh. Allein das Anfassen und Angucken gibt mir den größten Kick. Bei den maschinengesponnenen Sachen, wo du nicht mal weißt, von welchem Schaf das kommt, hat man eine gewisse Distanz. Bei der deutschen Wolle habe ich das Gefühl, ich kenne das Material. Die Texelschafe bevorzuge ich zum Beispiel, weil ich so gerne am Deich entlanglaufe und mich mit Norddeutschland sehr verbunden fühle. Du kannst das Material persönlicher verwenden, wenn es mit dir zu tun hat. Wenn es natürlich ist, atmet es anders. Auch wenn es ohne Kunstfaser vielleicht nicht kuschelig weich und elastisch ist, ist es irgendwie doch näher dran an mir als Mensch, als Wesen.

Meinst du, der Nachhaltigkeitstrend läuft weiter – oder ebbt er wieder ab?

Gerade jetzt findet ja eine Sensibilisierung statt. Die Leute suchen von selbst danach. Weil das mittlerweile nicht mehr nur gutmenschmäßig ist, sondern einfach notwendig. Ich glaube, das wird anhalten. Natürlich gibt es die, die wahrscheinlich selbst Schafe haben und spinnen – denen ist es nicht so wichtig, wie stylish das Ergebnis ist. Dann gibt es die aus unserer Generation, die vielleicht im Kreativbereich unterwegs sind, Interesse an Nachhaltigkeitsthemen haben und den Look tragen. Aber andere Menschen leben ein völlig anderes Leben, sind in festen Jobs, haben andere Einkommen, ein anderes Bewusstsein. Die verzichten nicht so viel auf irgendwas, da geht es schon mehr um Konsum. Das wäre eigentlich die Zielgruppe, mit der man sich mehr auseinandersetzen müsste, weil die sich auch Sachen leisten kann. Du kannst ja noch so schöne Sachen anfertigen, wie du willst, wenn du die nicht erreichst, die dir Geld dafür geben können, dann hast du nichts davon. Wenn die das Produkt wiederum kaufen, weil es gerade in ist oder es einfach nur gut aussieht, hast du schon etwas erreicht, solange du im Hintergrund deine Moral, Ethik und Richtlinien umsetzen konntest.

Das heißt, du machst gerade eine Zielgruppenanalyse.

Ja, ich habe da während des Bachelors darauf geachtet und nach dem Bachelor damit angefangen. Jetzt gerade ist es interessant, weil ich in der Nähe von einem hochpreisigen Kaufhaus arbeite und die Leute sehe, die da einkaufen. Eine Zielgruppe, die ich nicht auf dem Schirm hatte. Als Gestalter ist es wichtig, zu checken, wer deine Kunden sind. Was wollen die überhaupt? Worauf achten die? Diese Leute haben nicht so viel Zeit, weil sie viel arbeiten, sie haben aber das Geld und wollen nur in einem kurzen Moment etwas konsumieren – das ist als Kreativer und Freischaffender unter Umständen etwas schwierig zu verstehen.

Welche Akteure hast du während deiner Recherche getroffen?

Zuerst habe ich Schäfer und Schafscherer getroffen. Dann die Frauen aus der Spinngilde und Ute Luft aus dem Wendland, die Elbwolle gegründet hat, eine Initiative für regionale Wolle. Ich war bei einem der ersten Meetings dabei, aber das war mir zu konkret. Das Ding war auch – und deswegen denke ich, werde ich in Zukunft erst mal allein unterwegs sein –, dass ich Lust habe, rumzutüfteln und herauszufinden, wer ich eigentlich bin, was ich will und was meins ist. Kooperationen gegenüber bin ich aber nicht abgeneigt. Letztlich funktioniert das meiste ja nur, wenn man zusammenarbeitet und so miteinander mehr erreicht. Und ich war beim Onlineshop „Natürliche Wolle". Die Betreiberin ist eine ältere Dame, die in einem kleinen Zimmer ihrer Wohnung die Wolle gestapelt hat. Das hatte ich mir anders vorgestellt, aber die setzt sich für das Thema ein, was ja wieder gut ist.

Weißt du noch, wann du angefangen hast, zu stricken?

Ich glaube, meinen ersten Schal habe ich mit 15 gestrickt. Meine Mutter hatte mir gezeigt, wie es funktioniert. Wenn ich etwas nicht hinbekam und nachfragte, hat sie mir das Strickzeug aus der Hand gerissen. Die ersten Male hat mich das aufgeregt, weil mir das nicht half, zu verstehen, was ich machen musste. Wenn mich jetzt jemand fragt, bin ich aber auch manchmal so, weil du einfach diese Ich-Perspektive beim Stricken brauchst. Ich habe anfangs zwei Schals gestrickt und dann wieder aufgehört. Vor dem Studium in Braunschweig habe ich wieder angefangen, intensiver, mit eigenen Mustern. Mittlerweile habe ich ein Niveau erreicht, von dem ich selbst ganz überrascht bin. Was ich über den Tag abstricken kann, ohne bekloppt zu werden! Mein Verständnis davon, was wie funktioniert, ist wesentlich besser geworden. Ich merke, wie sich in meinem Gehirn schon ganz viel Verstrickung vernetzt hat. Eine Dozentin hatte mir mal empfohlen, dass ich Musik anmachen, Rotwein trinken und dabei einfach stricken soll, weil ich mich zu sehr an Vorgaben gehalten hab'. Frei stricken, das war für mich noch schwierig. Ich will demnächst einen Strickworkshop geben. Es wäre interessant, zu sehen, wie Anfänger das Ganze empfinden und was für Fragen aufkommen. Das gäbe mir einen anderen Blick darauf, was Stricken eigentlich ist, und würde mir sehr helfen, wenn ich weitere Workshops geben will: Wie bringe ich Leuten Stricken so bei, dass es Spaß macht? Wie erkläre ich das? Wie bekommt jeder ein Verständnis dafür, eine eigene Technik? Freies Stricken finde ich mittlerweile viel spannender. Weil du selbst überlegen kannst, wie entwickelt sich das Muster, wie greif' ich da rein? Nach Anleitung stricken ist zum Verstehen gut, wenn du noch nicht viel gestrickt hast. Ich überlege, einen Workshop anzubieten zum Thema: Wie entwickle ich mein eigenes Strickdesign? Wie kann ich anhand von ein paar Bildern, ein paar Maßen etwas Eigenes entwickeln, wie lege ich los, welche Kniffe existieren, um es noch spannender zu gestalten?

In Spanien habe ich Englisches Stricken[1] gelernt und danach immer mal versucht, es anderen beizubringen. Die britische Technik ist für Neulinge viel einfacher.

1 English knitting, auch right-hand knitting oder throwing genannt, ist eine Stricktechnik, bei der man das Garn in der rechten Hand hält. Verwirrenderweise ist diese „britische" Technik in der westlichen Welt verbreiteter als der „kontinentale" Stil, der hauptsächlich im deutschsprachigen Raum gestrickt wird.

Ich stelle mir das eher komplizierter vor, weil die Bewegungen so anders sind. Das ist dann so, als ob man neu stricken lernt. Ich erinnere mich an die Anfänge – es war ein einziger Krampf. Mittlerweile habe ich mein eigenes Stricktempo, in dem ich lange durchhalten kann. Zwar versuche ich immer, noch schneller zu werden, merke aber, dass ich verspanne, vor allem im Kiefer und im Nacken. Plötzlich hakt es komplett. Was ich beim Handstricken interessant finde: dass du den Handstricker darin siehst. Ob einer lockerer oder fester strickt, lockerer oder ernster ist. Bei mir liegt es auch an der Psyche, daran, was so abgeht im Leben. *(Sie hält zwei Paar Socken in die Luft)* Diese Socken habe ich in Braunschweig gestrickt: anliegend, ein bisschen zu kurz. Und das hier ist ein anderes Paar, gestrickt nach meinem Umzug nach Bremen: gleiche Nadel, gleiche Wolle, gleiche Maschenanzahl. Das rutscht mir manchmal von den Füßen. Da dachte ich mir: Braunschweig war vielleicht nicht so gut für mich. Kein Paar außer den beiden Braunschweigern ist so eng und mit so viel Spannung gestrickt, die anderen sind alle schlabberig. Das ist die Wirkung der Psyche auf das Strickobjekt! Wenn du ein Strickteil anfängst und wann anders fertig machst, kannst du plötzlich ein anderes Maschenbild haben, weil du dich verändert hast, ein Problem nicht mehr da ist, du dich in einer ganz anderen Situation befindest. Deswegen habe ich keine Angst, dass ich nun nach dem Abschluss in ein Loch falle. In den nächsten Jahren habe ich so viel Zeit zum Herausfinden, Ausprobieren und Machen.

Immer auf Achse

Kein fester Wohnsitz, das ganze Jahr über unterwegs, jeden Tag harte, körperliche Arbeit, fast nur männliche Kollegen: Stefanie Kauschus arbeitet als Schafschererin – weil es ihr Spaß macht.

Kennengelernt habe ich Stefanie Kauschus bereits vor neun Jahren. Im Sommer 2012 treffen wir uns auf einer Wiese in der Nähe von Münster. Die damals 33-Jährige ist dort mit drei Kollegen, um 500 Schwarzkopf-Mutterschafe zu scheren. In den zurückliegenden Wochen war sie in Schleswig-Holstein, Österreich und Thüringen unterwegs. Münster ist nur eine Zwischenstation, bevor es weitergeht in die Niederlande. Als Schafscherer bleibt man während der Saison nie lange an einem Ort.

Morgens um neun Uhr ist die Wolle der Schafe noch feucht vom Morgentau, deshalb hat Stefanie Zeit für eine Tasse Kaffee und ein ausführliches Gespräch. „Eigentlich wollte ich nach Abschluss meines landwirtschaftlichen Studiums nur für sechs Monate nach Neuseeland reisen, um mir die Schafhaltung dort anzusehen“, erzählt sie. Aus dem halben Jahr werden insgesamt drei, in denen Stefanie zunächst auf verschiedenen Schaffarmen jobbt und dann für einen Scherunternehmer arbeitet, in den sogenannten „shearing gangs“. „In Neuseeland genießt das Schafescheren als Tätigkeit viel Ansehen. Es gibt während der Saison, die von Oktober bis April dauert, fast jedes Wochenende einen Wettbewerb, bei dem sich die Scherer miteinander messen.“ Oft reist die ganze Familie als Team durchs Land, schulpflichtige Kinder wohnen bei den Großeltern oder besuchen ein Internat.

Auch wenn die Harzerin nach einer Weile in der Lage ist, 100 Schafe am Tag zu scheren, arbeitet sie innerhalb der Crew als „woolhandler“. Das heißt, sie sortiert Wollteile wie die vom Bauch, Kopf oder

Schmutzwolle in separate Säcke. Das wertvolle Hautvlies wird auf einem Sortiertisch begutachtet, an den Rändern gezupft, zusammengerollt und dann verpackt. „Geübte Scherer schaffen mindestens 200 Tiere pro Tag, je nach Rasse und Gewicht der Tiere oft auch deutlich mehr. Im Vergleich war ich da immer noch Anfängerin." Aber das Scheren macht ihr Spaß und 2009 bei ihrer Rückkehr nach Deutschland erreicht sie ein unerwarteter Hilferuf. Der Chef eines neuseeländischen Schafschererteams, das gerade in Deutschland unterwegs ist, ist erkrankt und die Gruppe benötigt einen Ersatz, der nicht nur scheren kann, sondern auch noch fließend Englisch spricht. Die nächsten Monate reist Stefanie mit den Neuseeländern kreuz und quer durch Deutschland. Als die Saison im Herbst zu Ende geht, schert sie wie ihre Kollegen locker 200 Schafe pro Tag und beschließt, diesen Job weiter auszuüben.

„Wolle ist ein nachwachsender Rohstoff, der muss geerntet und vernünftig verwertet werden."

In Deutschland zählt Stefanie zu den wenigen Schafscherern, die diesen Job hauptberuflich machen. Früher waren die Schafhalter oft überrascht, wenn zur Schur eine Frau auf den Hof kommt. „Viele dachten, dass ich nur die Termine organisiere", sagt sie und lacht. Manche Kunden hatten Zweifel, dass sie die Arbeit schafft. Wer einmal selbst versucht hat, ein Schaf zu scheren, weiß, wie anstrengend diese Tätigkeit ist. Die nach vorne gebeugte Haltung geht auf den Rücken und die Beine, die immer gleichen Bewegungen mit der Schermaschine lassen nach einiger Zeit den Arm schwer werden. Außerdem gilt es, je nach Rasse bis zu 120 kg Schaf festzuhalten und zu bewegen. „Was die Muskelkraft angeht, können Frauen den Männern unterlegen sein, physiologisch ist das einfach so. Aber durch gute Schurtechnik kann das komplett ausgeglichen werden", ist Stefanies Erfahrung. Im Grunde genommen ist die Arbeit der Schafscherer mit Hochleistungssport zu vergleichen. Körperliche Fitness ist eine Grundvoraussetzung für diesen Job. „Ich versuche, gut für mich zu sorgen, ernähre mich gesund, rauche und trinke nicht." Nach Möglichkeit macht sie abends Yoga – als Ausgleich für den Rücken, aber auch zur Entspannung nach einem anstrengenden Tag. Ihr Körper hat sich mittlerweile an die Belastung gewöhnt: „Wenn ich nicht arbeite, mache ich viel Sport, weil der Körper das fordert." Dann geht sie laufen, fährt Fahrrad oder schwimmt. Allerdings kommen so langsam die ersten Anzeichen dafür, dass der Körper keine 25 mehr ist. „Klar, man wird älter, die Regeneration dauert länger, wahrscheinlich kommen bald kleine Wehwehchen", sagt Stefanie und lacht. „Aber ich kann das gut akzeptieren."

Zehn Jahre lang arbeitet sie die Hälfte des Jahres in Australien und Neuseeland und kehrt nach dem Ende der dortigen Schursaison nach Deutschland zurück. Ab Mai ist sie dann in Deutschland unterwegs. Als wir im Dezember 2020 telefonieren, ist Stefanie ausnahmsweise in Deutschland – das Coronavirus hat ihre Pläne für eine weitere Reise nach Südamerika durchkreuzt. „Ich wollte dort Freunde und Bekannte besuchen und die Wollverarbeitung weiter unter die Lupe nehmen. Das ist total

Stefanie (rechts) bei der Schafscherer-WM in Neuseeland 2014, Disziplin Woolhandling.

Beim Scheren in Österreich.

Beim Schurkurs in Georgien.

spannend – man denkt, das sind Länder, die viel weniger fortschrittlich sind als Deutschland, dabei gibt es superinnovative Ansätze, beispielsweise, wie das Waschen von Wolle umweltschonender gestaltet werden kann", gerät sie ins Schwärmen. „Eine Fabrik in Uruguay sammelt das Wasser vom Waschen der Wolle in Lagunen, dort wird es recycelt und dann zum Bewässern von angepflanzten Baumplantagen genutzt. Die Plantagen dienen der Emissionsreduzierung." Solche Projekte beeindrucken Stefanie, denn das Thema Wolle lässt sie seit ein paar Jahren nicht mehr los. „Wolle ist ein nachwachsender Rohstoff, der muss geerntet und vernünftig verwertet werden", findet sie.

Ein erster Schritt, um das Bewusstsein für den Wert von Wolle zu stärken ist für sie, Schafhalter und andere Interessierte wieder mehr für das Thema zu sensibilisieren. Dazu gehört auch das Sortieren der Wolle, das, was sie als „woolhandler" jahrelang in Australien und Neuseeland praktiziert hat. „Zum einen ist die Wollsortierung in vielen Ländern ein anerkannter Job und eignet sich für junge Leute im Rahmen von Work & Travel hervorragend zum Geldverdienen", weiß sie. Zum anderen wünscht sie sich einen höheren Wert für deutsche Wolle.

Hoffnung machen ihr die Projekte, die derzeit in einigen Ecken Deutschlands laufen: „Es gibt viele Menschen, die gute Ideen rund um das Thema Wolle haben. Das Bewusstsein, was für einen kostbaren Rohstoff wir damit haben, wächst und das Interesse an Handarbeiten wie Stricken nimmt zu." Sie hofft, dass diese Entwicklung anhält, und schmiedet Pläne, wie sie selbst etwas in dem Bereich auf die Beine stellen kann. „Spruchreif ist da allerdings noch nichts", winkt sie ab, als ich nachfrage.

Doch das hat ja auch noch Zeit. Erst einmal ist die Schafschererin mit anderen Projekten ausgelastet. „Ich habe in den vergangenen Jahren versucht, mich beruflich etwas zu erweitern." Erweitern heißt in Stefanies Fall, dass sie sich weitere Standbeine aufbaut. Da sind zum einen Schafschererkurse, die sie seit ein paar Jahren für die Schafzuchtverbände in Nordrhein-Westfalen, Niedersachsen und Sachsen-Anhalt anbietet. Auch Privatkurse bei Schafhaltern vor Ort kann man bei ihr buchen. „Da können die Leute direkt an ihren eigenen Tieren üben, gerade wenn es Rassen mit spezieller Wolle sind, die sich nicht so einfach scheren lässt, ist das eine gute Sache." Zum anderen ist sie Human Bowen-Praktikerin und hat eine Ausbildung zur Tierheilpraktikerin absolviert. Ihr Schwerpunkt liegt auf EMRT (Equine Muscle Release Therapy), einer Technik, die sie in Australien gelernt hat. „EMRT mobilisiert Faszien, entspannt Muskeln, aktiviert die Selbstheilungskraft und ordnet psychische Traumen", erläutert sie. Zusammen mit den Sichtweisen der Traditionellen Chinesischen Medizin und Akupunktur ergibt das für Stefanie eine sinnvolle Kombination. Die Tätigkeiten sollen nach und nach das Scheren in Australien und Neuseeland ersetzen, das Stefanie nicht mehr weiter in dem bisherigen Umfang ausüben kann. „Es wird immer schwieriger, ein Arbeitsvisum für Australien und Neuseeland zu bekommen", stellt sie fest.

Außerdem gibt es noch andere Orte in der Welt, die sie faszinieren und die sie sowohl beruflich als auch privat weiter erkunden möchte. „Im Winter werde ich weiterhin viel nach Übersee reisen", steht für Stefanie fest. Allerdings wird ihr Fokus dabei nicht mehr nur auf dem Scheren und Geldverdienen liegen. Das erledigt sie größtenteils im Sommerhalbjahr, wenn sie kreuz und quer durch Deutschland und Europa zieht, um zu scheren. „Im Sommer bleibt für nichts anderes mehr Zeit. Oft arbeite ich bis zum letzten Tageslicht, und das auch gerne. Wenn ich arbeite, dann arbeite ich viel und auch durch, sieben Tage die Woche. Abends noch ein Spaziergang, etwas essen und dann ab ins Bett", beschreibt sie ihren Job. Das ist zwar anstrengend, ermöglicht ihr aber den Luxus, sich im Winter ohne finanzielle Sorgen auch einfach mal für ein, zwei Monate nur dem privaten Reisen und der Recherche zu widmen, indem sie die Besuche in anderen Ländern dazu nutzt, sich über Schafhaltung, Wollverarbeitung und andere landwirtschaftliche Themen zu informieren und sich

Anregungen für Projekte zu holen, die sie später einmal umsetzen möchte.
Einen festen Wohnsitz hat Stefanie in Deutschland nicht. Während der Schersaison übernachtet sie oft bei den Schafhaltern: „Ich habe da meinen festen Kundenstamm und man kennt sich inzwischen gut." Oder sie stellt den Bulli, mit dem sie unterwegs ist, an einem schönen Ort ab und schläft einfach im Auto. Im Gegensatz zu 2012, als sie meist im Team unterwegs war, arbeitet Stefanie mittlerweile in der Regel solo. „Das ist einfacher, ich bin flexibler, kann spontan im Auto schlafen. Außerdem bin ich ein Alleinarbeiter, kann mich selbst gut motivieren", erzählt sie. Einsam fühlt die Schafschererin sich nicht. Wenn sie sich abends in ihren Bulli zurückzieht, genießt sie das Zur-Ruhe-Kommen nach einem langen Tag.
Wer nur einen Bulli als Unterkunft hat, kann nicht viel mitnehmen. Trotzdem fehlt Stefanie nichts. „Je mehr man besitzt, desto mehr kann man verlieren", findet sie. „Niederlassen möchte ich mich schon, ich brauche etwas Eigenes, der Wunsch ist da. Aber ich gehe nicht davon aus, dass ich das ganze Jahr dort verbringe, ich werde auch weiterhin viel unterwegs sein und im Sommer scheren. Eher eine Art Winterresidenz, muss nicht in Deutschland sein, da könnte ich mir auch Osteuropa vorstellen", überlegt die Schafschererin. Und dann darf es gerne ein großes Grundstück sein, mit Platz für Schafe und Hühner und Gemüsebeete, um sich selbst zu versorgen. „Meine Familie hat immer selbst Gemüse angebaut", erinnert sich Stefanie. Das hat sie geprägt. „Ich finde es seltsam, in den Laden zu gehen und Gemüse einzukaufen. Auch bei Fleisch geht es mir so, in meiner Familie sind alle Jäger und da gibt es statt Schweinebraten dann Reh." Beim Thema Haus soll es etwas Kleines, Einfaches sein. „Vielleicht eine Jurte oder Datsche, mit Draußen-Küche, ich glaube, das würde mir schon reichen."
Die Schafe begleiten Stefanie nun schon viele Jahre lang und das beinahe tagtäglich. „Das sind sehr intelligente Tiere. Die erkennen Gesichter auch nach vielen Jahren noch wieder", sagt sie. „Von der Größe her sind Schafe ebenfalls angenehm, man kann sie gut allein handeln, eben beim Scheren, aber auch beim Klauenschneiden und allen anderen Arbeiten."
Jeden Tag begegnen ihr zudem Menschen, die sich dieser Tierart verschrieben haben, sei es als Berufsschäfer oder als Hobbyhalter. „Wer noch hüten geht, als Berufsschäfer, der macht das mit Leidenschaft. Diese Menschen haben eine unheimlich enge Beziehung zu ihren Tieren, die brauchen das, draußen sein, mit der Herde, die werden krank, wenn die nicht zu ihren Tieren können", erzählt sie. „Jemand, der keine Passion mitbringt, würde das nicht machen, sondern sich etwas anderes, Einfacheres suchen." Sind Schäfer denn eine aussterbende Spezies, möchte ich von Stefanie wissen. „Nein. Da wächst eine neue Generation heran, die frischen Wind reinbringt. Ich treffe sowohl junge Leute als auch Quereinsteiger, die richtig Lust darauf haben und mit der Schäferei anfangen oder den Elternbetrieb sicher übernehmen, da ist viel Energie vorhanden", antwortet sie. „Klar gibt es mancherorts auch Engpässe, die zunehmende Bürokratie, die heutzutage mit der Landwirtschaft verbunden ist, schreckt ab. Schäfer wollen Schäfer sein und keine Buchhalter."
Aber in der Landschaftspflege werden die Schafe auch künftig ihre Daseinsberechtigung haben, weil sie ihren Aufgaben unersetzbar nachkommen, zum Beispiel in der Deichbewirtschaftung oder bei der Pflege der Lüneburger Heide, ist sie sich sicher. Und wenn sich dann noch für die Nutzung der Wolle eine gute Lösung findet, ist die Schafhaltung aus Stefanies Sicht auf dem richtigen Weg, auch in der deutschen Agrarlandschaft nicht ganz von der Bildfläche zu verschwinden.

Naturmode neu gedacht

Das Potsdamer Atelier „von Kittel“ stellt Kleidungsstücke aus Naturmaterialien her – neben Leinen und Baumwolle auch aus wärmendem Wollwalk und Wollgarn. Diese Stoffe bestehen oft aus der Wolle von gefährdeten Schafrassen wie dem Coburger Fuchsschaf. Das dreiköpfige Team, bestehend aus der Textildesignerin Anja Pruggmayer, der Modedesignerin Mirjem Thielecke und der Gewandmeisterin Sybille Bendorf, erzählt im Gespräch von den Geschichten hinter ihren Entwürfen.

Wie habt ihr euch kennengelernt?
Mirjem war nach ihrem Diplom 2008 auf der Suche nach selbstständigen Designern, die Interesse an einem temporären Ladenprojekt hatten, um ihre Objekte zu vertreiben. Drei Jahre hintereinander gab es dann im holländischen Viertel in Potsdam in der Vorweihnachtszeit den Laden „Für vier Wochen". Zahlreiche Designer und Künstler teilten sich hier einen Raum und die Kosten. Anja war Teil dieses Projektes und wir haben schnell gemerkt, dass wir gut harmonieren.

Wann habt ihr von Kittel gegründet?
Anja und Mirjem haben das Label 2011 aus einem gemeinsamen Projekt heraus gegründet. Es gab zu viele gemeinsame Ideen – also dachten wir, lassen wir es uns gleich richtig angehen. Sybille vervollständigt seit 2015 unser Team.

Wie ist der Name entstanden?
Aus der Idee, die Kittelschürze neu aufleben zu lassen, diese also für verschiedenste Anlässe neu zu kreieren und aus ihrem verstaubten Image mittels spannender Materialien zu befreien, entstand auch der Name. Das „von" stand somit mit einem Augenzwinkern für die etwas „bessere" Schürze.

Wie entstand eure erste Kollektion? Was war die Idee? Wie viele Teile umfasste sie?
Es ist genau eine Schürze entstanden, dafür aber gleich eine kleine Kollektion aus Röcken, Shirts und Kleidern. Wichtig waren uns von Anfang an Alltagstauglichkeit, Schlichtheit und gute Materialien.

Was fasziniert euch an dem Material Wolle?
Wolle ist ein großartiges, hochwertiges Material und zudem ein nachwachsender Rohstoff. Wolle speichert besonders gut Wärme, sie ist wasser- und schmutzabweisend, sie kann bis zu 30 Prozent ihres Eigengewichtes an Feuchtigkeit aufnehmen, ohne sich nass anzufühlen, außerdem trocknet sie viel schneller als beispielsweise Baumwolle und im Gegensatz zur Kunstfaser nimmt sie kaum Gerüche an. Darüber hinaus knittert sie kaum. Wolle nimmt sehr gut Farbe auf und eignet sich somit ganz wunderbar zum Färben.

Ihr arbeitet viel mit Wollwalk von regionalen und gefährdeten Schafrassen. Wie kam es dazu?

Für ihre Kleidungsstücke benutzen von Kittel Wollwalk von heimischen Schafrassen wie dem Coburger Fuchsschaf.

Wolle kann man natürlich aus vielen Regionen dieser Erde beziehen. Uns ist es jedoch zunehmend ein großes Anliegen, dass die Stoffe und Materialien, die wir weiterverarbeiten, so regional wie möglich hergestellt und produziert werden, es somit also keine langen Transportwege gibt. Auf der Suche nach regionalen Wollverarbeitern sind wir zum Beispiel auf eine kleine Firma im Wendland gestoßen. Faszinierend ist hier das ganzheitliche Konzept. Sie sammeln Wolle von Schäfern aus der Region und verarbeiten sie zu hochwertigen Produkten. Durch Verwendung von heimischer Wolle werden Schafhalter aus dieser Gegend unterstützt. Deren Schafe werden auf Streuobstwiesen, Deichen und Wiesen zur Landschaftspflege eingesetzt, somit wird Kulturlandschaft erhalten und ein großer Beitrag zum Erhalt der Artenvielfalt geleistet. Darüber hinaus kooperieren wir mit einer kleinen Genossenschaft in Nordhessen, die auch selbst die Weiterverarbeitung ihrer Wolle zu einer Bandbreite an Schafwollprodukten organisiert. Von dort beziehen wir einen hochwertigen Wollwalk des vom Aussterben bedrohten Coburger Fuchsschafes. Über die Herkunft der Stoffe und deren Produktionsprozesse weitestgehend Bescheid zu wissen sowie der persönliche Kontakt zu Menschen, die spürbar eine Verbindung, Liebe und Wertschätzung zu ihren eigenen Produkten vermitteln, lässt auch bei uns eine gewisse Ehrfurcht zum Material entstehen. Die Freude, aus solch einem Stoff ein Kleidungsstück zu entwickeln, ist ungleich größer und dieses Gefühl an den Kunden weitergeben zu können, macht extrem zufrieden.

Woher bezieht ihr eure Stoffe?
Außer von den genannten regionalen Bezugsquellen verarbeiten wir auch Wollwalk und Strickstoffe aus Österreich. Hier verlassen wir uns auf das GOTS-Label, welches kontrolliert biologische Tierhaltung, faire Produktionsbedingungen, chemiefreie Rohstoffe und Produktionsprozesse sowie weitere nachhaltige Aspekte garantiert. Die Rohwolle kommt hier jedoch aus Südamerika. Am liebsten würden wir ausschließlich regional produzierte Ware kaufen und wir hoffen und glauben, dass sich dahingehend noch viel bewegen wird in den nächsten Jahren. Natürliche Wolle und Wollwalk sind Produkte, die viele Konsumenten und Konsumentinnen nicht mehr gewöhnt sind.

Müsst ihr bei euch im Laden viel Vermittlungsarbeit leisten?
Vor ein, zwei Jahren war dies vielleicht noch spürbarer. Mittlerweile kommen viele Kunden von selbst mit dem Wunsch nach Produkten aus reiner Wolle. Wir erleben, dass ein Umdenken bereits stattfindet. Wir haben viele Kunden, die sich mit Nachhaltigkeit und regionalen Produkten auseinandersetzen. Die freuen sich, dass sie bei uns fündig werden.

Was ist eure Vision für die Zukunft?
In unserer Vision nutzen wir ausschließlich heimische Rohstoffe wie Wolle, Hanf und Leinen. Die Verarbeitung zu textilen Materialien findet in lokalen Betrieben statt, die nach den neuesten Umweltstandards arbeiten, keinen Müll produzieren und die Produktionsmengen dem tatsächlichen Bedarf anpassen. Natürlich werden alle Arbeitskräfte fair behandelt und entlohnt, Gewinne gerecht verteilt und weiter in Natur- und Umweltschutz investiert. Es gibt nur noch nachhaltige Kleidung zu kaufen, die sich jeder leisten kann. Keiner redet mehr von „bio“ und „Nachhaltigkeit“, weil das ganz selbstverständlich ist.

Milch

Der Zupacker

Michael Ruhnau melkt seine Rauwoller. Das macht sonst kein anderer Züchter.

Alles an dem Melkstand ist unscheinbar. Michael Ruhnau steht in der hinteren Ecke des dunklen, kleinen Stalls und deutet auf eine Holzbühne, einen Futtertrog und ein bewegliches Holzbrett, das als Befestigung für den Kopf des Schafs dient. „Den haben wir selbst gebaut", sagt Ruhnau. Die Idee einfach, die Umsetzung auch. Trotzdem melkt kaum ein Hobbyhalter seine Schafe. Wenn überhaupt, sind es Züchter von typischen Milchschafrassen wie dem Ostfriesischen Milchschaf, die ihren Tieren Milch abnehmen. Auf die Idee, Rauwollige Pommersche Landschafe zu melken, ist bislang nur Michael Ruhnau gekommen.

Die „Rauwoller" stehen an diesem Wintermorgen auf der Weide hinter Ruhnaus Hof. Noch liegt Tau auf dem langen Deckhaar der Schafe, das sie vor Nässe schützt. Ein Hinweis auf die Herkunft der Tiere: Pommersche Landschafe waren ursprünglich im rauen Klima der Ostseeregion verbreitet. „Eigentlich wohne ich im Gebiet der Schnucken", sagt Ruhnau und meint damit die kleinen Weißen Hornlosen Heidschnucken, die in den niedersächsischen Mooren umherziehen. „Deren Zucht wäre hier vielleicht nahe liegender gewesen. Aber Schnucken sind längst nicht so menschenzugewandte Tiere wie die Pommerschen Landschafe."

Wie zutraulich sie sind, zeigt sich, sobald Ruhnau den Stall verlässt und die Winterweide betritt. Sofort umringt ihn ein Kreis neugieriger Mutterschafe, während Leitschaf Lotti nach Brotkrumen in den Taschen seiner grünen Wachsjacke sucht. Traditionell wurden die Tiere von Fischern auf der Insel Rügen gehalten, sie lieferten den einfachen Leuten Wolle und Fleisch. „Schnucken wurden immer in großen Herden gehütet, während Pommersche Landschafe oft nur zu zweit gehalten wurden. Und ich denke, so eine Zuchtgeschichte prägt ein Schaf."

Michael Ruhnau, Anfang sechzig, mit freundlichen Augen hinter der Hornbrille, ist Diplom-Biologe. Schon während seines Studiums in Bremen

Biologe, Schafzüchter, Italienfreund: Michael Ruhnau.

Eigentlich „Grauwoller"? Michael Ruhnaus kleine Herde.

Aus der Wolle seiner Schafe lässt Ruhnau verschiedene Produkte herstellen.

interessierte er sich für Landwirtschaft und zog deshalb Anfang der Achtzigerjahre aufs Land. Seit 25 Jahren wohnt er nun in einer Wohngemeinschaft auf einem Hof in Bülstedt, einem Ort in der gleichnamigen Gemeinde. 753 Einwohner und 29 Rauwollige Pommersche Landschafe leben hier, 36 Kilometer sind es bis nach Bremen. Nur durch einen Zufall stieß Ruhnau auf die alte Haustierrasse. Bei einem Besuch in Ostberlin suchte er nach Büchern über Landwirtschaft, um überschüssige Ostmark loszuwerden – und fand in einem Buch über Schafhaltung die Pommernschafe: „Die haben mich einfach vom Äußeren her angesprochen", sagt er, „natürlich war es schwer, sie zu bekommen, aber irgendwann ergab sich die Gelegenheit, dass ich von einem Züchter aus Hessen ein paar Tiere kaufen konnte. Dann habe ich auf Rügen auf einer Auktion noch einige mehr ersteigert. So entstand 1996 mein Ursprungsbestand."

Bezeichnenderweise waren die Pommernschafe ausgerechnet in der DDR fast ausgestorben. Ihre Zucht wurde von der Regierung nicht unterstützt, denn Haustierrassen sollten, wie praktisch alles andere auch, vereinheitlicht werden. Im Jahr 1982 gab es noch sieben Böcke und 46 Mutterschafe. Nur weil die DDR einem internationalen Artenschutzabkommen zustimmte und es Interesse von Züchtern aus der Bundesrepublik gab, wurde die Rasse wieder populär. „Obwohl die gesamte Population einmal durch diesen Flaschenhals von sieben Böcken gegangen ist, gibt es heute keinerlei Probleme in der Zucht", sagt Ruhnau. Er ist froh, seine Zucht auf Pommernschafe umgestellt zu haben: „Als ich anfing mit der Schafhaltung, hatte ich Ostfriesische Milchschafe und Texelschafe, zum Teil auch Kreuzungen. Ich finde aber, dass deren Lämmer längst nicht so vital sind."

An den Rauwollern lobt er vor allem ihre Widerstandsfähigkeit: „Mich hat die Rasse einfach interessiert, weil sie wegen des nassen Klimas gut hierher passt und sie eine interessante Wolle hat – überhaupt eine alte, ursprüngliche Schafrasse ist." Die Bezeichnung „rauwollig" findet Ruhnau allerdings irreführend. „Ich denke, dass die Tiere ursprünglich ‚grauwollig' genannt wurden." Er deutet auf seine kleine Herde. „Denn das ist ja das Erste, was man von Weitem sieht: dass sie grau sind." Die Lämmer tragen ein schwarzes Fell, die Vliese der erwachsenen Schafe variieren und treten in vielen Nuancen von Silbergrau bis Dunkelbraun auf. Je älter sie werden, desto heller wird ihr Fell. Die Vliese lässt Ruhnau von der Spinnerei Dickel im Sauerland verspinnen, wo viele private Schafhalter ihre Wolle verarbeiten lassen. „Die nehmen auch kleine Mengen entgegen. Es würde mir ja nichts nützen, wenn ich erst ab einer Tonne Wolle zum Zug käme."

Er breitet auf dem Küchentisch des alten Bauernhauses verschiedene Produkte aus: gesponnene Wolle und eine Wolldecke, in der helle und dunkle Grautöne in der sogenannten Köperbindung verwebt sind. Die gesponnene Wolle der Lämmer ist dunkelgrau und weich, die hellgrauen und dunkelgrauen Garne aus der Wolle der erwachsenen Tiere fühlen sich kratzig an. Das Wollfett macht die Fasern steif. „Erst mit dem Waschen werden die Fasern weicher", erklärt Ruhnau. Die Wolle der Rauwoller wurde traditionell von Hand verarbeitet, die langen Fasern lassen sich nämlich gut von Hand verspinnen. Das mache sie bis heute interessant fürs Handspinnen, sagt er: „Manchmal ist es so, dass meine Wolle schon komplett vorbestellt ist, bevor der Schafscherer überhaupt da war. Ich glaube, die meisten Schafhalter können davon nur träumen."

Die Handstrick- und Spinncommunity ist online gut vernetzt. „Das ist natürlich gut, wenn man jemandem Wolle schickt und der begeistert berichtet, was für eine tolle Qualität die hat. Dann melden sich daraufhin gleich andere Interessenten."

Ruhnau stellt seine Produkte selbst auf einer Internetseite vor: Felle, Salami, Lammfleisch. Auf Anfrage lässt er auch Bettdecken mit Lammwolle befüllen. Für das Fleisch der Tiere hat er feste Abnehmer,

die er per Mail über die Schlachttermine informiert. „Die Nähe zu Bremen ist natürlich ein Vorteil", sagt er. „Die Abnehmer habe ich vor allem in der Stadt, während es auf dem Land gegenüber Lamm- und Schaffleisch immer noch Vorbehalte gibt." Auch seine Felle ließ er bis vor Kurzem direkt in Bremen gerben. Diese Gerberei gibt es nun nicht mehr. Jetzt muss sich Ruhnau einen neuen Betrieb suchen, der ebenfalls auf pflanzliche Weise gerbt. Ganz einfach wird das nicht. Bedauernd bemerkt er: „Das sind so Gewerbe, die in Deutschland keine richtige Zukunft haben." Und dann gibt es da noch die Sache mit dem Melkstand. „Wir hatten ein Schaf, das gelammt hat, und dann war das Lamm am nächsten Morgen tot. Da fragte mich mein damaliger Mitbewohner: ‚Sollen wir das Schaf nicht melken?' Ich antwortete: ‚Das müssen wir dann aber jeden Tag machen!'"
Natürlich probierten die beiden es aus. Und natürlich fand Mutterschaf Alete es „überhaupt nicht witzig" und suchte zunächst das Weite, wenn die Männer die Weide betraten. Doch Alete gewöhnte sich an die merkwürdige Prozedur und wurde eines der insgesamt fünf Schafe, die Ruhnau nun regelmäßig melkt. Das ist ungewöhnlich: „Ich bin der Einzige, der Pommersche Landschafe melkt, das macht niemand sonst." Denn dafür gibt es in Deutschland bereits eine andere Schafrasse, die speziell auf eine hohe Milchleistung hin gezüchtet wird: das Ostfriesische Milchschaf, das 300 bis 600 Liter pro Laktationsdauer gibt. Zum Vergleich: Alete gab in ihrer zweiten Laktationsphase in einem Zeitraum von fünf Monaten etwa 185 Liter Milch.
Auf Reisen nach Italien hat Ruhnau, der auch Italienisch spricht, weitere Schafzüchter getroffen, die ebenfalls kleine Herden selbst melken. „Wenn ich denen erzähle, dass ich Schafe halte, fragt mich mein Gegenüber meistens, ob ich sie mit der Maschine melke oder mit der Hand. Dass ich sie aber überhaupt melke, ist ihnen dabei völlig klar." Faszinierend findet er auch, dass handwerkliche Fragen dieser Art eine Auswirkung auf die Esskulturen im Mittelmeerraum haben. „Ich finde es beeindruckend, zu sehen, dass dort nicht nur Schafe gemolken werden, die viel Milch geben, sondern auch Rassen, die gar nicht auf Milch spezialisiert sind."

In diesem Sinne führt Michael Ruhnau vielleicht nur eine längst vergessene Traditon fort.

So entstand auch Ruhnaus Idee, Käse herzustellen. Denn in den mediterranen Ländern ist Schafskäse zunächst keine Delikatesse, vielmehr die einzige Möglichkeit, den wertvollen Rohstoff Milch haltbar zu machen: „Der italienische Hartkäse Pecorino ist ein Schafkäse. Sein Name bedeutet: vom Schaf." Von Mai bis September melkt Ruhnau seine Schafe. In dieser Zeit stellt er frischen Joghurt und Weichkäse her. Im Winter holt er die Milch dafür statt von den Schafen aus der Tiefkühltruhe.
Leben kann Ruhnau von seinen Schafen nicht. Neben Gartenreisen ins Ausland bietet er Baumschnitt und Baumschnittseminare an. „Ich würde die

Schafzucht aber nicht machen, wenn ich nur draufzahlen müsste“, sagt er. Wie eng seine Bindung zu den Rauwollern ist, sieht man ihm an, wenn er zwischen ihnen auf der Weide steht. Das Rauwollige Pommersche Landschaf bleibt für ihn „das ideale Schaf für Selbstversorger“, da die Rasse ursprünglich nicht auf eine bestimmte Leistung hin gezüchtet wurde und doch so viele Vorteile hat. „Es liefert gute Wolle und Fleisch – und ich bin ziemlich sicher, dass es früher auch gemolken wurde.“ In diesem Sinne führt Michael Ruhnau vielleicht nur eine längst vergessene Tradition fort.

„Wir hatten einfach Lust auf Milchschafhaltung“

Joachim und Jorin Handtmann sind 2016 in die Erzeugung von Schafmilch eingestiegen. Den Traum, ihre Milch selbst zu verarbeiten und zu vermarkten, mussten sie allerdings erst einmal aufgeben – viel Arbeit, zu wenig Erfolg. Seit sie die Milch an eine Molkerei liefern, hat sich die Lage etwas entspannt.

Die Produktion von Schafmilch ist eine Nische. Eine sehr kleine Nische, um genau zu sein. Nur rund 90 Milchschafbetriebe gibt es in ganz Deutschland. Einen von ihnen leiten die Brüder Joachim und Jorin Handtmann. Sie sind 2016 in die Schafmilcherzeugung eingestiegen. In Jeetzel, einem kleinen Ort im Wendland, in der Nähe von Lüchow, melken sie rund 300 Mutterschafe.

Joachim Handtmann ist gerade mit dem Melken fertig. Es ist kurz vor elf und der schlanke Landwirt mit den dunklen, kurzen Haaren treibt die letzten Muttertiere aus dem Melkstand. „Drei Stunden brauche ich zum Melken", sagt er und hängt die Melkzeuge ordentlich auf. Seit sieben Uhr ist der 30-Jährige am Stall, hat vor dem Melken geschaut, ob bei den Tieren alles in Ordnung ist, die Lämmer getränkt und Heu in die Raufen gefüllt. Um acht Uhr hat er die Melkmaschine angestellt und das Tor geöffnet, damit die ersten Mutterschafe in den Melkstand laufen können. Dort erhalten sie ihre Kraftfutterration, das sorgt für Ruhe beim Melken und erhöht die Motivation der Tiere, den Melkstand zu betreten.

Ist das Melken erledigt, bleiben die Schafe noch etwas im Stall, um Heu zu fressen und sich auszuruhen. Dann treibt Joachim sie auf eine der Weiden, die rund um Jeetzel liegen. Zäune stecken, Wasser verteilen, Stallarbeiten, Buchführung – der Nachmittag ist schnell rum und dann heißt es: Schafe wieder zurückholen, füttern, bei Bedarf kranke Tiere behandeln, Ohrmarken einziehen und was sonst noch so anfällt. Sein Bruder Jorin, mit dem Joachim den Hof gemeinsam bewirtschaftet und der sich überwiegend um die Flächen kümmert, ist abends in der Regel ebenfalls am Stall und packt mit an. Vor 21 Uhr sind die beiden selten mit der Arbeit fertig.

Die Milch der Schafe wird von einer Molkerei verarbeitet. Im Schnitt geben die Mutterschafe einen Liter Milch pro Tag, das sind bei derzeit 300 Tieren rund 300 Liter, die in einem Milchtank gesammelt werden. Zweimal pro Woche holt ein Wagen die Milch ab und bringt sie zur Luisenhofmolkerei in Velten, am Stadtrand von Berlin.

Geplant war das anders. Eigentlich wollten Jorin und Joachim die Schafmilch selbst verarbeiten und die Produkte vermarkten. Haben sie auch gemacht, fast vier Jahre lang. Joghurt, Frischkäse, Weichkäse und andere Spezialitäten gehörten zum Sortiment der Hofmeierei Jeetzel, wie sie ihre Käserei genannt haben. In drei mobilen Containern vor dem Schafstall hatten sie ihre Milchverarbeitung untergebracht, eine Käseküche, einen Reiferaum, eine Abfüllanlage für Joghurt. „Wir haben 30.000 Liter Milch pro Jahr verarbeitet", berichtet Joachim. Doch jetzt ist die Hofmeierei geschlossen, die Käsereieinrichtung verkauft, die Container abgeholt.

An der Qualität der Produkte hat es nicht gelegen, die stimmte. Joachim schlägt den Flyer auf, mit dem er und sein Bruder Werbung für die Hofmeierei gemacht haben: Biologische Schafmilchspezialitäten in Handarbeit hergestellt, Naturjoghurt, Joghurt griechischer Art, Frischkäse, Bratkäse – die Produkte wirken ansprechend auf den Fotos. „Kam alles gut bei den Kunden an", merkt der Landwirt an. Doch das beste Produkt nützt nichts, wenn man es nicht verkauft. Dass die Vermarktung kein Selbstläufer werden würde, war von Anfang an klar. Der Landkreis Lüchow hat nur 48.000 Einwohner, Tourismus spielt keine Rolle, die nächste Autobahn ist weit entfernt. Einen Hofladen braucht man unter diesen Umständen nicht einzurichten.

Aber das war auch nicht das Ziel. Handtmanns wollten mit ihren Produkten in den Naturkostfachhandel. Biosupermärkte und Hofläden sowie Gastronomen, das sollten ihre Abnehmer werden. Dabei war angedacht, einen Großteil der Produktion über Großhändler zu vermarkten, die Wiederverkäufer in ganz Deutschland damit beliefern.

Der Einstieg in den Markt erwies sich allerdings als deutlich schwieriger als gedacht. „Die Großhändler tun sich schwer mit handwerklichen Produkten, die neu auf den Markt kommen. Die setzen lieber auf Standardware, auf Marken und Produkte, die bereits etabliert sind", sagt Joachim. Also gingen sie selbst auf die Inhaber von kleinen Lebensmittelläden, Direktvermarkter und Gastronomen zu, stellten sich und ihren Betrieb vor. Viel Klinkenputzen war angesagt, bis sie eine ausreichende Anzahl an Kunden beisammenhatten.

Mit der Aufnahme ins Sortiment war es aber in den wenigsten Fällen getan. Produkte aus Schafmilch haben Erklärungsbedarf, die verkaufen sich nicht von allein. In Deutschland sind viele Menschen zurückhaltend beim Thema Schafmilchprodukte, es gibt Vorbehalte beim Geschmack. Käse nach Feta-Art, das können sich einige gut vorstellen, aber ein Joghurt aus Schafmilch? Da winken viele ab. „Dabei schmeckt unser Joghurt sehr mild, überhaupt nicht nach Schaf." Gerade im SB-Regal ist es für neue Produkte schwierig, zumal wenn daneben noch Joghurt etablierter Marken steht. „Viele Verbraucher greifen zu einer bekannten Marke – oder entscheiden nach dem Preis und da kann eine kleine Hofkäserei nicht mit den großen Herstellern mithalten", merkt Joachim an und zuckt mit den Achseln.

Am besten sind die Chancen für einen guten Absatz, stellten Handtmanns fest, wenn die Produkte in der Bedientheke stehen, wo die Mitarbeiter eine Empfehlung aussprechen bzw. Infos zum Produkt und zu ihrem Betrieb liefern können. Also rührten sie kräftig die Werbetrommel. Sie setzten sich ins Auto und klapperten die einzelnen Abnehmer ab, um dafür zu sorgen, dass Joghurt und Käse aus der Hofmeierei Jeetzel ein Gesicht bekommen. „Du musst selbst zum Laden fahren, Kontakte knüpfen, Verkostungen anbieten, die Mitarbeiter im Markt von dir und deinen Produkten überzeugen, sonst läuft das nicht", ist ihre Erfahrung. Viele Kunden saßen in der Nähe von Lüneburg oder Hamburg, sodass einiges an Kilometern zusammenkam.

Die Rückmeldungen zur Qualität ihrer Produkte waren überall hervorragend. „Tolle Ware", bekamen Handtmanns immer wieder zu hören. Trotzdem lief der Absatz schleppend, viele Kunden nahmen nur kleine Mengen ab. Es fehlte an großen Einkäufern, die nennenswerte Mengen ordern. „Wir haben pro Woche 500 bis 1000 Becher Joghurt à 150 bzw. 300 g abgefüllt. Die meisten Abnehmer haben um die 30 Becher pro Woche bestellt, das war schon gut", erinnert sich Joachim. Der Aufwand war enorm, denn die Becher mussten ja nicht nur alle befüllt und etikettiert werden. Bis spät in die Nacht schrieb der jüngere Handtmann-Bruder Lieferscheine und Rechnungen, darunter auch für Kleinstbeträge. Frühmorgens packte Joachim Joghurt und Käse für die Kunden zusammen, damit die Auslieferung pünktlich starten konnte. „Wir hatten Kunden, die haben pro Woche für acht Euro Waren bestellt, da stand der Aufwand für Lieferung und Abrechnung in keinem Verhältnis zum Umsatz."

Joachim (links) und Jorin Handtmann.

unsere Milch abholt", sagt Joachim. Denn im norddeutschen Raum sind Verarbeiter, die Schafmilch abnehmen, rar gesät. Wer seine Milch nicht selbst verarbeitet und vermarktet, fährt zum Teil etliche Kilometer, um die Schafmilch selbst zu einer Molkerei zu bringen. Deshalb zögerten Handtmanns nicht lange, als in Velten, am Stadtrand von Berlin, die Luisenhofmolkerei aufmachte und nach jemandem suchte, der Schafmilch liefern kann. Schnell wurde man sich einig und seit Ende 2019 holen die Berliner zweimal in der Woche die Milch ab.

Eine ganze Weile lang hielten die Brüder durch, sagten sich, dass man anfangs eben viel Zeit investieren müsse und die Vermarktung mit der Zeit besser laufen würde. Irgendwann würden die Großhändler schon anbeißen und dann könnten sie auf die ganz kleinen Abnehmer weitgehend verzichten.

Aber vor zwei Jahren kamen sie an den Punkt, an dem die Arbeit trotz der Aushilfen, die bei der Milchverarbeitung mit anpackten, nicht mehr zu bewältigen war und sie sich eingestehen mussten, dass sich der Aufwand finanziell nicht so bezahlt machte wie gehofft. Schweren Herzens entschieden sie sich, die Milchverarbeitung erst einmal aufzugeben und die Schafmilch an eine Molkerei zu liefern. „Wir hatten Glück, dass wir eine Molkerei gefunden haben, die

Für Handtmanns bedeutet das zwar kaum weniger Arbeit, aber der Termindruck ist weg. Bis in die Nacht Lieferlisten schreiben, frühmorgens Produkte verpacken, pünktlich beim Kunden sein, Verkostungen planen und durchführen – auf das alles können sie jetzt verzichten. „Dafür sind wir komplett von der Molkerei abhängig", ist sich Joachim bewusst. Lange Abnahmegarantien gibt es nicht, wenn die Molkerei irgendwann die Zusammenarbeit beendet, müssen sie sich zügig eine andere Lösung überlegen. Aber davon gehen die Brüder erst einmal nicht aus. Sie sind zufrieden mit der Geschäftsbeziehung zur Luisenhofmolkerei und freuen sich darüber, sich ganz auf die Schafhaltung konzentrieren zu können.

Derzeit kommt eine Mitarbeiterin an vier Vormittagen auf den Hof und unterstützt unter anderem beim Melken. Ein weiterer Mitarbeiter wäre schön, doch Interessenten für einen Job auf dem Milchschafhof sind Mangelware in der Region, haben die Brüder festgestellt. Die Arbeit mit den Schafen ist körperlich anspruchsvoll, viele Tätigkeiten werden in Handarbeit erledigt. Außerdem richten sich Schafe nicht nach der Uhr, wollen auch am Wochenende gemolken und gefüttert werden, werden kurz vor Feierabend krank oder lammen dann ab, wenn man eigentlich gerade zum Grillen möchte. Potenzielle Lehrlinge gehen lieber auf Pflanzenbaubetriebe, die es im Wendland reichlich gibt und die mit geregelten Arbeitszeiten und großen Maschinen locken. Quereinsteiger sehen sich erst einmal nach weniger anstrengenden Jobs um, zum Beispiel in Lüchow oder Uelzen.

Wer gerne mit den Schafen arbeitet, sind Praktikanten, die Landwirtschaft studieren. Bereits 20 waren es bislang, darunter 18 Frauen. Sie sind für ein paar Wochen, manchmal auch für einige Monate, eine willkommene Unterstützung im Betriebsalltag. „Schön wäre es, wenn wir Praktikanten aus der Nähe hätten, die nach Ende des Praktikums noch mal ab und an aushelfen", wünscht sich Joachim. Damit ließen sich Krankheitstage oder geplanter Urlaub besser abpuffern.

Im Stall ist es friedlich. Viele Mutterschafe haben sich hingelegt und käuen wieder, andere stehen an den Heuraufen und knabbern an ein paar Halmen. Die Lämmer sind in separaten Buchten untergebracht und stecken ihre Köpfe neugierig zwischen den Holzlatten durch. „Wir trennen die Lämmer mit zwei Tagen von den Müttern", sagt der Landwirt. Die Mutterlämmer behalten sie zum Großteil, sie ergänzen die Herde, die mittelfristig auf 400 Mutterschafe wachsen soll.

Die Bocklämmer dagegen sind ein Problem, wie oft auf Milchschafbetrieben. Die Schafe müssen lammen, damit sie Milch geben. Bei 300 Mutterschafen sind es jedes Jahr 400 bis 500 Lämmer, die auf dem Hof geboren werden, die Hälfte davon ist männlich. Während die weiblichen Lämmer, die nicht zur Bestandsergänzung im Betrieb bleiben, mit etwas Glück als Zuchttiere verkauft werden können, sind Bocklämmer so gut wie gar nicht gefragt.

Dabei haben Handtmanns mit den französischen Lacaune eine Milchschafrasse gewählt, die relativ gute Mastleistungen erreicht. „Mit den typischen Fleischschafen wie Suffolk oder Texel ist das allerdings nicht vergleichbar", räumt Joachim ein. Entsprechend reißen sich spezialisierte Lammmäster nicht unbedingt um die Lämmer und er ist froh, einen Abnehmer in der Nähe gefunden zu haben, der einen Teil der Bocklämmer mit zwei bis drei Wochen abholt, auch wenn dieser nicht sehr viel für die Tiere bezahlt. 100 Lämmer pro Jahr mästen Handtmanns selbst und vermarkten sie an Restaurants und eine Bekannte, die das Fleisch auf dem Wochenmarkt verkauft. Von dem Erlös bleibt allerdings nicht viel übrig, denn die Aufzucht ist teuer, Bio-Milchpulver und Kraftfutter verursachen hohe Kosten.

Um weniger Lämmer unterbringen zu müssen, möchten Jorin und Joachim die Laktationsdauer ihrer Tiere verlängern. Normalerweise kann man ein Schaf etwa 240 bis 280 Tage melken, dann geht die Milchleistung zurück und das Tier wird trockengestellt, also nicht mehr gemolken. Nachdem das Schaf erneut gelammt hat, geht es mit dem Melken weiter. Handtmanns versuchen, die Abstände zwischen den Ablammungen nach und nach zu vergrößern. Das geht, weil die Lacaune-Schafe asaisonal sind, das heißt, sie werden nicht nur im Herbst brünstig, wie es bei vielen anderen Schafrassen der Fall ist, sondern auch während des restlichen Jahres. „Länger melken geht aber nicht bei allen Tieren. Bei einigen geht die Milchleistung nach 240 Tagen rapide zurück, während andere auch nach 280 Tagen noch konstante Mengen geben", haben die Brüder festgestellt. Entsprechend versuchen sie, bei der Zucht auf eine lange Laktation zu selektieren. Würden die

Schafe nur alle anderthalb bis zwei Jahre ablammen, würde sich die Zahl der Lämmer, um die sich Handtmanns kümmern müssen, fast halbieren – eine große Erleichterung. „Bis wir die ganze Herde ein Jahr oder sogar länger durchmelken können, wird es aber etliche Jahre, wahrscheinlich Jahrzehnte dauern“, schätzt Joachim.

Draußen fährt ein Trecker mit angebautem Mähwerk vor. Jorin war unterwegs, Gras mähen auf einer der Wiesen, die zum Hof gehören. Der ältere der beiden Brüder hat blonde Haare und ist ein gutes Stück größer als Joachim. Er ist der Mann für die Außenwirtschaft, das heißt, er kümmert sich hauptsächlich um Grünlandpflege und Futtergewinnung, unterstützt Joachim aber auch bei den Stallarbeiten. Bevor Jorin wieder los muss, nimmt er sich Zeit für eine Tasse Tee im Betriebsbüro, in dem sich Ordner und Papierstapel türmen – die Bürokratie lässt schön grüßen. Den Anstoß, gemeinsam einen Milchschafhof zu gründen, hat er gegeben. „Hier auf dem Hof war früher ein Schäfer, der hatte keinen Nachfolger. Nachdem ich als Betriebshelfer bei ihm war, hat er mich gefragt, ob ich mir vorstellen könnte, den Hof zu übernehmen“, berichtet der Landwirt. Einen eigenen Hof zu bewirtschaften, diese Vorstellung gefiel ihm, aber allein wollte er den Schritt nicht gehen. Also holte er seinen jüngeren Bruder Joachim mit ins Boot. Beide haben eine landwirtschaftliche Ausbildung und sahen die Chance, die sich ihnen hier bot.

Ein eigener Betrieb, selbstständig sein, die eigenen Vorstellungen verwirklichen – diese Gelegenheit wollten sie ergreifen. Doch zunächst einmal hieß es überlegen, wie man einen Hof so ausrichtet, dass er auf Dauer zwei Familien ernähren kann. Es gab einen großen Stall und viel Grünland, gute Voraussetzungen für die Haltung von Milchvieh. Erfahrung mit Kühen hatten sie beide in der Lehre reichlich gesammelt, doch der Aufbau einer Milchkuhherde hätte hohe Investitionen erfordert. Umbau des Stalles, Einrichtung eines Melkstandes, Tierankauf – das wäre richtig ins Geld gegangen.

„Der Aufbau einer Milchschafherde ist deutlich günstiger zu realisieren“, stellt Joachim fest. Am vorhandenen Stall waren nur kleine Umbauten erforderlich, um ihn für Milchschafe zu nutzen. Viel konnten die beiden Brüder in Eigenleistung erbringen, wie die Konstruktion des Melkstandes, sodass nur die Technik eingekauft werden musste. Doch nicht nur der finanzielle Aufwand spielte bei der Entscheidung eine Rolle. Das Wichtigste: „Wir hatten einfach Lust, Milchschafe zu halten.“

Um sich vorzubereiten, besuchten sie andere Milchschafbetriebe, schauten Landwirten, die das schon jahrelang machten, über die Schulter – und stellten fest: Die Betriebe, die Milchschafe halten, sind sehr unterschiedlich, jeder wirtschaftet auf seine Weise. Kaum etwas ist eins zu eins auf den eigenen Betrieb übertragbar, sodass es schwierig ist, von den Erfahrungen der anderen zu profitieren. Dazu kommt, dass die Milchschafhaltung nur von wenigen Betrieben überhaupt im Vollerwerb betrieben wird, es gibt kaum Fachliteratur, wenig Zahlen zur Betriebswirtschaftlichkeit, nur zwei Berater in ganz Deutschland, die sich mit dem Thema gut auskennen. „Selbst ausprobieren und dabei lernen“, das ist die Taktik, die in der Branche angesagt ist.

Handtmanns ließen sich davon nicht abschrecken. Sie feilten an ihrem Konzept, überzeugten die Banken, ihnen Kredite für die notwendigen Investitionen zu geben, bauten den vorhanden Stall um, richteten eine Käserei in drei Containern ein, die vor dem Stall aufgestellt wurde, und kauften 2015 die ersten 100 Mutterlämmer – den Grundstock ihrer Herde. Nachdem die Schafe Anfang 2016 abgelammt hatten, konnte es mit dem Melken und der Milchverarbeitung losgehen. Die Hofmeierei Jeetzel war geboren.

„Wir haben viel geplant, aber im Arbeitsalltag schnell festgestellt, dass man sehr flexibel sein muss“, fasst Jorin die Erfahrungen der ersten fünf Jahre zusammen und sein Bruder nickt. Die Melktechnik beispielsweise brachte immer wieder neue

Herausforderungen mit sich. „Die Melktechnikfirmen hier in Deutschland sind auf Kühe spezialisiert, die bieten entweder nichts an für Schafe oder haben zwar Produkte im Sortiment, aber kaum Erfahrung damit.“ Die spannende Frage bei Störungen war dann, ob der örtliche Melktechniker weiterhelfen kann, damit alles wieder rundläuft. „Wir haben selbst viel recherchiert und uns durchgewurschtelt“, beschreiben die Landwirte die Situation. Ersatzteile, so lernten sie, sollte man stets reichlich auf Lager haben, denn die Lieferzeiten betragen zum Teil mehrere Wochen.

Ob sie angesichts der vielen Herausforderungen und Unabwägbarkeiten manchmal bereut haben, einen Milchschafbetrieb gegründet zu haben? Deutlich stressfreier, planbarer und bequemer wäre ihr Leben, wenn sie einfach als angestellte Landwirte auf einem Betrieb arbeiten würden. Doch Jorin schüttelt den Kopf. „Ich habe viel Freude an den Schafen und kann mir hier nichts anders vorstellen.“ Joachim überlegt kurz. „Die Entscheidung für die Schafe habe ich nie bereut. Aber ob eine Betriebsgründung sein muss, das fragt man sich schon manchmal“, gibt er ehrlich zu. Einen eigenen Hof aufzubauen, das ist zeitintensiv und verlangt die Bereitschaft, auf vieles zu verzichten. Vor 21 Uhr haben die Brüder selten Feierabend, sind am Wochenende oft einen Großteil des Tages im Betrieb. „Alle anderen Dinge müssen untergeordnet werden, Treffen mit Familie oder Freunden sind schon oft ausgefallen, weil im Betrieb etwas Unvorhergesehenes passiert ist“, berichtet Joachim. „Eigentlich war ich jemand, der immer pünktlich und zuverlässig war, doch das hat sich seit der Betriebsgründung geändert“, ergänzt Jorin. Jetzt bringen die Schafe so manchen Plan durcheinander, werden krank, die Melkanlage fällt aus, die Wasserleitung geht kaputt. „Es ist manchmal hart, zum Beispiel, wenn wir uns entscheiden müssen, wer von uns zu einer Familienfeier geht und wer auf dem Hof bleibt.“

„Die Entscheidung für die Schafe habe ich nie bereut.“

Trotzdem ist auch Jorin unterm Strich davon überzeugt, die richtige Entscheidung getroffen zu haben, und sieht ebenso wie Joachim meist mit Optimismus in die Zukunft. „Der Betrieb ist ja noch im Aufbau“, sagt der Landwirt. Als Nächstes sollen erst einmal Futterbänder installiert werden, das wird beim Füttern einiges an Zeit sparen. Auch die finanzielle Situation dürfte sich in ein paar Jahren etwas entspannen. Zurzeit fließt der gesamte Erlös in den Betrieb, das Geld wird für notwendige Investitionen wie Futterbänder oder Futtermischwagen sowie für den Aufbau der Herde benötigt. Ist die Investitionsphase abgeschlossen, hoffen Handtmanns, dass der Betrieb genug abwirft, um sie beide voll zu entlohnen, und Jorin die Holzrückearbeiten, die er nebenbei noch anbietet, aufgeben kann.

Fleisch

„Viele Tiere gehen noch warm über den Tresen“

Die meisten Kunden, die in der Schlachterei Piepmeier in Elsfleth Fleisch kaufen, bringen große Wannen mit. Sie wollen keine einzelne Keule, sondern ganze oder halbe Lämmer.

Der Weg nach Elsfleth führt über plattes Land. Die Stadt liegt in der Wesermarsch, nördlich von Oldenburg und Bremen. Kuhweiden und Windräder kennzeichnen die Gegend. Der hohe Grünlandanteil bestimmt die Landwirtschaft, 94 Prozent der Betriebe halten Milchvieh oder betreiben Rindermast, insgesamt sind es rund 120.000 Stück Rindvieh, die in der Wesermarsch stehen. Dazu kommen circa 19.000 Schafe. Damit ist die Wesermarsch der schafreichste Landkreis in Niedersachsen, zehn Prozent des gesamten niedersächsischen Bestandes stehen hier. Das liegt zum einen an den vielen Deichen, für deren Pflege die kleinen Wiederkäuer bestens geeignet sind. Hier sind die großen Deichschäfereien im Einsatz. Aber auch zahlreiche Hobbyhalter, die zum Teil zwanzig oder weniger Schafe ihr Eigen nennen, sind in der Wesermarsch zu finden.

Einen dieser Hobbyhalter treffe ich auf dem Hof der Schlachterei Piepmeier, die sich in einem Gewerbegebiet am Rande von Elsfleth befindet. Es ist acht Uhr, im Pferch vor dem Schlachthaus stehen 40 Lämmer, auf dem Parkplatz ein Pick-up mit großem Anhänger. Werner Feckinghaus hat die Tiere gerade abgeladen. Er hat einen weißen Vollbart und weiße Haare, trägt eine graue Arbeitshose, ein kurzärmliges blaugrünes Hemd, breite Hosenträger und grobe Arbeitsschuhe. Schafe hält er schon lange, erzählt er. Regelmäßig bringt er die Lämmer zu Piepmeier. Selbst vermarkten möchte er das Fleisch nicht – viel zu aufwendig. Lieber verkauft er die Tiere an den Schlachter.

Rolf Piepmeier ist weit und breit der einzige Schlachter, der Lämmer abnimmt. Alternativ könnte Feckinghaus seine Tiere an einen der Viehhändler verkaufen, die mit ihrem Lkw die Schafhalter abklappern, aber das möchte er nicht. „Ich zahle 15 bis 20 Euro mehr pro Lamm als die Händler", sagt Rolf Piepmeier und winkt mich in den Aufenthaltsraum. Der Fleischermeister ist ein großer, kräftiger Mann, dichtes graues Haar, laute Stimme, Jeans, kariertes Hemd. Er nimmt an dem Gartentisch aus weißem Plastik Platz, der in einer Ecke des Raumes steht. Hier machen nicht nur die Mitarbeiter eine kurze Kaffeepause: Auch Tierhalter und Händler, die Schafe oder Rinder zum Schlachten abgeliefert haben und auf die Abrechnung mit den Schlachtgewichten warten, nehmen am Tisch Platz. Bei einer Tasse Kaffee werden Neuigkeiten aus der Wesermarsch ausgetauscht, über die Landwirtschaft und Tierhaltung diskutiert, mal gelacht, mal geflucht. Werner Feckinghaus kommt durch die Tür herein und setzt sich auf einen Stuhl, der aussieht, als ob er früher in der guten Stube eines Bauernhofes gestanden hat, dunkles Holz, grüner Bezug.

Vor gut 20 Jahren stand die Schlachterei in Elsfleth kurz vor dem Aus. „Neue Wege gehen oder dichtmachen", hieß es für Rolf Piepmeier, als die BSE-Krise den Rindfleischmarkt zusammenbrechen ließ und ihm von heute auf morgen die Kundschaft wegbrach. Der heute 78-Jährige suchte nach einer Alternative. Halal schlachten, das könnte was sein, dachte er sich, damit könnte ich mir mit muslimischen Verbrauchern eine neue Kundschaft erschließen. Das nahe gelegene Bremen ist das Bundesland mit dem höchsten Anteil muslimischer Mitbürger, 17 Prozent der Einwohner gehören dieser Glaubensrichtung an. Also besuchte der Fleischermeister türkische Restaurants und Supermärkte, knüpfte Kontakte auf großen Hochzeitsfeiern und anderen Veranstaltungen. Und kam zu dem Schluss: Da geht was.

Wie das Schlachten nach den Regeln des Korans ablaufen muss, damit das Fleisch als halal gilt, ließ er

Ein eingespieltes Team: Rolf Piepmeier (rechts) und Issam Hijazi hinter dem Verkaufstresen der Schlachterei

sich genau erklären. Dazu gehört unter anderem, dass die Schlachter gläubige Muslime sein müssen. Auf dem Schlachthof dürfen außerdem keine Schweine geschlachtet werden, denn sie gelten im Islam als unrein. Alles machbar, dachte sich Rolf Piepmeier und legte los. Eine Bedingung gibt es aber: Das Tier wird vor dem Ausbluten betäubt, denn so schreibt es das deutsche Tierschutzgesetz vor. „Da gibt es keine Diskussion", stellt er klar, auch wenn der ein oder andere Kunde es gerne anders hätte. „Hier läuft alles korrekt ab, genau nach Vorschrift. Du kannst jederzeit kommen, ohne Anmeldung, und dir angucken, wie wir schlachten", versucht der Schlachter Kritikern sofort den Wind aus den Segeln zu nehmen.

Denn halal Schlachten, das ist auch etwas, das die Gemüter bewegt. Ein Thema, das polarisiert und kritische Stimmen laut werden lässt. „Einige nennen mich abfällig Türkenschlachter", erzählt Rolf Piepmeier. Vor ein paar Jahren sah er sich Anfeindungen im Internet ausgesetzt, Pegida- und AfD-Anhänger warfen ihm Tierquälerei vor und riefen zum Boykott der Schlachterei auf. Der Aufruhr ebbte aber wieder ab und seitdem ist es ruhig geworden im Netz. Regelmäßig kommen Journalisten vorbei, gerne kurz vor dem Opferfest, wenn viele Muslime ein Lamm kaufen und im Schlachthof Hochbetrieb ist. Der Fleischermeister deutet auf die vielen Zeitungsausschnitte, die an den Wänden des Aufenthaltsraumes hängen: „Wir haben nichts zu verbergen."

Bislang läuft es gut für den Fleischermeister. Unter den Muslimen in der Region ist sein Laden bekannt, die Kunden, die aus der Türkei, aber auch aus Syrien, Gambia, Tunesien oder der Elfenbeinküste stammen, strömen morgens nacheinander herein, um sich mit Lamm- und Rindfleisch zu versorgen. Die Autokennzeichen verraten, dass einige aus Cuxhaven, Hannover oder Verden anreisen, um bei Piepmeier einzukaufen. Einige Stammkunden wollen sich ihr Tier lebend aussuchen und werfen auf dem Hof einen Blick in den Pferch, wo die Lämmer stehen. Am liebsten wären sie auch bei der Schlachtung dabei, um selbst ein Gebet zu sprechen, statt diese Aufgabe den Schlachthofmitarbeitern zu überlassen. „Das geht natürlich nicht", stellt Rolf Piepmeier klar und ruft Ali Hijazi, damit er mich herumführt. Er selbst muss ins Büro, Abrechnungen fertig machen.

Hijazi ist ein Mann mit einem verschmitzten Lächeln im Gesicht. Versorgt mit Überziehern, Kittel und Haube darf ich ihm durch die Schlachträume folgen. „Heute schlachten wir insgesamt 100 Lämmer", erzählt er und geht mit mir zu dem Tor, das zum Pferch hinausführt. Dort stehen drei Männer in weißer Kleidung und weißen Gummistiefeln, langen Gummischürzen und ebenfalls weißen Hauben auf dem Kopf. Ruhig und ohne Hektik treibt einer von ihnen ein Lamm nach dem anderen zu seinen Kollegen, die in der Tür warten. Während die anderen Tiere noch wiederkäuen und entspannt in die Gegend schauen, schiebt der Mann das Lamm durch den Eingang in den Schlachthof. Direkt hinter der Tür steht sein Kollege mit der Betäubungszange. Drei Sekunden setzt er die Zange am Kopf an, dann ist das Lamm zuverlässig betäubt und wird durch das Durchtrennen der Hauptschlagader am Hals getötet.

Hijazi arbeitet seit mehr als 30 Jahren für Piepmeier und ist zufrieden mit seinem Job, ebenso wie seine Kollegen. Sechs feste Mitarbeiter sind in der Schlachterei beschäftigt, dazu kommen bis zu vier Aushilfen, die bei Bedarf mit anpacken. Die Männer arbeiten zügig, aber ohne Zeitdruck. Es wird geschnackt und zwischendurch auch gelacht, während sie die Lämmer abziehen, ausnehmen, Kopf, Schwanz und Füße abtrennen. Die Schlachtkörper werden an Haken gehängt, die in einer Schiene befestigt sind. Ein kleines Stück weiter wartet Veterinär Holger Klukhas darauf, die Fleischbeschau vorzunehmen. Dann schiebt Issam Hijazi, der mit Ali verwandt ist, die Schlachtkörper bis zur Ladentheke, wo sie von der Kundschaft begutachtet werden können. Kaum eine halbe Stunde, nachdem es an einem Ende des Schlachthofes betäubt wurde, wird manches Lamm hier vorne bereits wieder vom Haken genommen und unter den aufmerksamen Augen der Kundschaft zerlegt, in Koteletts, Bratenstücke, Nackenscheiben und andere Teilstücke. „Viele Lämmer gehen noch warm über die Theke", sagt Rolf Piepmeier, der wieder aus seinem Büro gekommen ist, um mit einem seiner Stammkunden zu schnacken.

In einer großen Wanne oder einem Plastiksack schleppen die Leute ihr Fleisch aus der Schlachterei und verfrachten es in den Kofferraum ihres Autos. „Hier kommt keiner rein und kauft nur eine Lammkeule", merkt der Fleischermeister an. Deshalb hat er den Verkaufsraum bewusst einfach gehalten. Es gibt keine große Glastheke, in der unzählige Schalen mit Fleisch sorgsam aufgereiht stehen. Stattdessen steht ein schlichter Tresen in einer Wandöffnung, dahinter sieht man die Lämmer am Haken hängen. Auf dem Tisch liegen Messer, in einer Ecke ist eine Säge, mit der Hijazi und seine Kollegen im Handumdrehen einen kompletten Rückenstrang zu Koteletts zerlegen. „Für deutsche Gemüter ist dieser Verkaufstresen eher unüblich", stellt der Chef fest und lacht. Aber das macht nichts, denn die wenigen nicht-muslimischen Kunden, die seinen Laden betreten, wissen, was sie erwartet.

„Wir haben nichts zu verbergen."

Der Großteil von Piepmeiers Kunden hat türkische Wurzeln. Neben den Privatkunden, die in sein Ladengeschäft kommen, beliefert Piepmeier etliche Restaurants und türkische Lebensmittelmärkte in Bremen und Oldenburg. Sie nehmen auch Altschafe ab, die in der mediterranen Küche traditionell gern zubereitet werden. Nicht nur die Tatsache, dass das Fleisch halal ist, ist für sie wichtig – auch die stressfreie Schlachtung, die für eine hohe Fleischqualität sorgt, wissen sie zu schätzen.

Im Pausenraum werden derweil die Kaffeetassen wieder aufgefüllt und der Aschenbecher das zweite Mal geleert. Egal ob Landwirt, Hobbyhalter oder Viehhändler, alle, die gerade am Tisch sitzen, sind sich einig: Für die vielen kleinen Schafhalter in der Region ist Rolf Piepmeier ein Glücksfall. Er nimmt ihnen die Lämmer ab, egal welche Rasse, egal wie viele, egal, ob die Tiere gleichmäßig gewachsen sind oder sich neben dem kleingebliebenen Drillingslamm noch das ein oder andere mehr als wohlgenährte Einzellamm auf dem Anhänger befindet. „Hauptsache, die Tiere bringen mehr als 20 kg Schlachtgewicht an den Haken", beschreibt der Fleischermeister seine einzige Vorgabe und greift nach einer Rosinenschnecke, die Veterinär Holger Klukhas mitgebracht hat. Während Rolf Piepmeier kaut, regt er sich kurz über die großen Schlachthöfe und Händler auf: „Die gucken, ob das Lamm zu groß oder zu klein ist, und dann gibt es Abzüge. Wer große Partien liefert, bekommt einen besseren Preis. Das gibt es bei uns nicht. Ich zahle einen Preis für alle – egal ob jemand ein Lamm bringt oder 300." Transparent und fair soll die Abrechnung sein, darauf legt er Wert.

Trotzdem sind einige Viehhalter in der Region zurückhaltend und liefern ihre Tiere lieber an einen weit entfernten Schlachthof oder verkaufen sie an einen Händler, obwohl sie in Elsfleth mehr Geld für ihre Tiere bekommen würden. „Es gibt einen Deichschäfer, der verzichtet jedes Jahr auf mehrere Tausend Euro, weil er seine Lämmer lieber an jemand anderen vermarktet, statt mit mir ins Geschäft zu kommen." Der Fleischermeister zuckt mit den Achseln. „Da spielen mehrere Faktoren rein. Manche gönnen es mir nicht, andere kommen mit meiner menschlichen Art nicht klar", meint er. Er weiß, dass er manchmal unbequem ist und nicht jeder Landwirt es gerne hört, wenn er wieder einmal gegen die industrielle Landwirtschaft wettert und sich über das Einkaufsverhalten der Deutschen beim Fleisch aufregt. Zudem strapaziert er ab und zu die Geduld seiner Lieferanten, wenn es mit der Bezahlung ihrer Tiere etwas länger dauert als geplant. „Bezahlen tun wir immer", betont er, „manchmal dauert es halt nur zwei bis drei Wochen." Lassen die Kunden sich Zeit damit, ihr Fleisch zu bezahlen, müssen die Lieferanten auf ihr Geld warten. Aber das sieht er nicht so eng, denn er weiß: Irgendwann fließt das Geld, das war bislang immer so. Wer damit nicht zurechtkommt, der muss sich eben einen anderen Abnehmer suchen.

„Ich brauche keine Familie zu ernähren, deshalb stehe ich hier nicht so unter Druck", erklärt er. Eigentlich hätte Rolf Piepmeier schon lange in Rente gehen können, aber dafür macht ihm die Arbeit

Nach dem Schlachten werden die Lämmer gehäutet und ausgenommen.

Im Pferch hinter dem Schlachthof warten die Lämmer.

Was wiegen die Lämmer? Schafhalter Werner Fecking-haus kontrolliert die Schlachtdaten seiner Tiere.

noch zu viel Spaß. Der Schnack mit den Kunden, die Gespräche am Gartentisch mit seinen Lieferanten, das Gefühl, mit seinem Schlachthof etwas Gutes für die Region und die Menschen hier zu tun und zumindest ein kleiner Gegenpol zu den großen, industriellen Schlachtereien zu sein – das alles hält ihn noch davon ab, sich komplett aus dem Geschäft herauszuziehen. Seit Herbst 2020 allerdings hat er zumindest theoretisch die Chance, etwas kürzer zu treten, denn er teilt sich die Geschäftsführung seitdem mit seinen langjährigen Mitarbeitern Jochen Kreye und Issam Hijazi. „Alles geht so weiter wie bisher", betont Rolf Piepmeier allerdings sofort und man merkt: Der Fleischermeister denkt noch lange nicht ans Aufhören.

Im Schafstall: Jörg Neyer und sein Sohn Daniel.

Langer Atem

Familie Neyer aus Tecklenburg-Ledde vermarktet auf dem Windmühlenhof rund 250 Biolämmer und -schafe pro Jahr. Im Hofladen bietet sie eine Vielzahl an kreativen Produkten an. Heute läuft die Vermarktung gut – doch bis dahin war es ein langer Weg.

„Ich hätte niemals gedacht, dass die Leute so viel Lammfleisch kaufen, wenn man es mundgerecht anbietet", sagt Jörg Neyer. Er steht vor dem Eingang seines Hofladens in Ledde, einem Ortsteil von Tecklenburg, einer Kleinstadt mit gut 9000 Einwohnern im Norden von NRW. Es ist Juni. Kisten mit Zitronen, Äpfeln und Birnen stehen rechts neben der Tür in einem Regal, ein Schild weist daraufhin, dass es Eis gibt, vor der Tür sind ein paar Bierkisten aufgestapelt. Auf einer Tafel werden Spezialitäten zur Grillsaison angepriesen: Burgerpattys aus Lammfleisch, Lammbratwurst, Steaks vom Lamm. Jörg Neyer ist Ende 40, ein Mann mit kräftigen Armen – einer, der Dinge anpackt. Er trägt eine Latzhose, Gummistiefel und ein T-Shirt. Auf der To-do-Liste des Landwirts stehen noch einige Außenarbeiten wie Weidepflege. Aber vorher spricht er über die Herausforderungen, Verbraucher für das Produkt Lammfleisch zu begeistern.

Nachdem Neyer eine junge Frau begrüßt hat, die jede Woche kommt, um etwas Fleisch, Gemüse und frisches Brot auf dem Windmühlenhof zu kaufen, überqueren wir den Hof, zum Gebäude gegenüber dem Hofladen. Durch die Fensterscheibe werfen wir einen Blick in einen weiß gekachelten Raum. Auf großen Edelstahltischen liegen die grob zerteilten Schlachtkörper von drei Lämmern. Davor stehen Jörg Neyers Frau Ines und eine Mitarbeiterin. Die beiden Frauen tragen weiße Kleidung, Hauben auf dem Kopf und Überzieher über den Schuhen. Geschickt setzen sie ihre Messer an, um das Fleisch von den Knochen zu lösen. „Seit anderthalb Jahren machen wir die Zerlegung selbst", merkt der Landwirt an. Dafür hat die Familie in einen eigenen Zerlegeraum mit Fleischwolf investiert. „Davor haben wir die Lämmer fertig zerlegt vom Schlachter bekommen. Jetzt kommen sie grob zerlegt zurück und wir portionieren die Teilstücke genau so, wie die Kunden es möchten. Auch die grobe Bratwurst stellen wir selbst her, nur die feine Bratwurst lassen wir beim Schlachter machen", sagt er.

Aus einer Keule, die mit Knochen etwa 2,2 kg wiegt, schneiden seine Frau und eine Mitarbeiterin Steaks und kleine Bratenstücke. Die Portionen, die fein säuberlich mit Etiketten versehen werden, wiegen höchstens 500 bis 600 g, oft sogar nur 200 bis 300 g. Viele Schafhalter verkaufen lieber ganze oder halbe Lämmer, um den Aufwand gering zu halten und zu vermeiden, dass Rücken und Filet sofort ausverkauft sind, während weniger beliebte Teilstücke wie Rippen oder Nacken liegen bleiben. Versucht haben Neyers diese Taktik anfangs auch, aber der Erfolg hielt sich in Grenzen. „Wenn ich mir unsere Kundschaft anschaue, dann sind das viele Familien mit kleinen Kindern oder ältere Ehepaare, die packen sich nicht die Gefriertruhe mit 25 bis 30 kg Lammfleisch voll", sagt der Landwirt. Also sind er und seine Frau schnell dazu übergegangen, kleine Teilstücke zu vermarkten, die den Kochgewohnheiten der Leute entgegenkommen. „Wir haben uns den Kundenwünschen angepasst", erklärt Jörg Neyer.

Trotzdem haben sie kein Problem, die rund 250 Lämmer und Schafe, die sie mittlerweile pro Jahr schlachten, komplett zu verwerten. Alles, was nicht als Steak, Braten oder Ähnliches an den Mann oder die Frau zu bringen ist, verarbeiten Neyers zu Gulasch, Ragout, Hack oder Wurst. Kreative Produkte wie die fein gewürzten Lammburgerpattys, die sich als Verkaufsschlager erwiesen haben, sorgen dafür, dass sich ihr Sortiment von anderen abhebt. Auf die oft leidige Frage „Wohin mit den Altschafen?" haben die Schafhalter ebenfalls eine gute Antwort gefunden: Sie werden zu Wurst verarbeitet, wie der bei den Kunden beliebten Lammsalami. Für Abschnitte, Innereien und Knochen gibt es einen festen Abnehmer, der daraus Bio-Hundefutter herstellt. Die Schaffelle lassen sich überwiegend über den Hofladen vermarkten. „Wir verwerten das ganze Tier", stellt Jörg Neyer stolz fest, es ist etwas, das ihm und seiner Familie nicht nur im Zuge der Biolandwirtschaft am Herzen liegt.

Über den Hof geht es zurück zum Hofladen. In dem kleinen Raum stehen links und rechts an den Wänden große Gefriertruhen mit Fleischprodukten. Ordentlich aufgereiht liegen dort zum Beispiel Pakete mit drei Lammbratwürsten, vier kleinen Steaks oder zwei Burgerpattys. Jörg Neyer zieht ein Paket mit drei Bratwürsten heraus, „Feta-Bärlauch-Griller vom Lamm" steht auf der Verpackung, Preis: 4,65 Euro. „Probierportionen, die man beim Einkauf von Grillfleisch als Besonderheit mitnimmt, auch wenn man sonst kein Lammfleisch isst", stellt er fest. „Wir müssen die Kunden langsam an das Produkt Lammfleisch heranführen."

Nach der Geburt kommen die Mutterschafe mit ihren Lämmern für ein paar Tage in Einzelbuchten.

Kunden können bei Neyers mittwochs bis samstags hofeigene Produkte wie Eier, Obst und Säfte sowie Fleisch und Wurstwaren von Rind, Geflügel oder Lamm kaufen. Dazu kommen zahlreiche weitere Produkte, die überwiegend von Erzeugern aus der Region stammen – alles in Bioqualität, denn seit 2001 gehören Neyers dem Bioland-verband an. Das heißt, sie wirtschaften gemäß den Biolandrichtlinien, die unter anderem eine artgerechte Haltung der Tiere mit viel Platz und Beschäftigungsmöglichkeiten vorschreiben. Die bunte Mischung im Hofladen ist es, die nach Meinung von Jörg Neyer entscheidend zum Erfolg des Lammfleisches beiträgt. „Je größer das Sortiment, desto besser. Gemüse, frisches Brot vom Biobäcker, Milch, Käse – die Kunden kommen nicht, wenn man nur Fleisch und Wurst anbietet", ist seine Erfahrung. So ist Lammfleisch bei ihm tatsächlich für viele erst einmal ein Produkt, dass zusätzlich zu dem geplanten Einkauf im Korb landet. Erst wenn die Kunden auf den Geschmack gekommen sind, kommen sie ganz gezielt, um etwas vom Lamm zu kaufen. Manche bestellen dann Lammfleisch vor, zum Beispiel Hack, das Neyers ihnen in der gewünschten Portionsgröße einvakuumieren. „Wir haben tatsächlich auch Kunden, die 70 km von Herford zu uns fahren, um mit der Tiefkühltasche größere Mengen abzuholen."

Landwirtschaft wird auf dem Windmühlenhof seit etlichen Generationen betrieben, allerdings lange Zeit nur im Nebenerwerb. So startete auch die Schafhaltung erst einmal nebenbei. Als Jörgs Eltern Edith und Emil die Vierbeiner 1986 anschaffen, sollten sie in erster Linie das Gras auf den zahlreichen Streuobstwiesen kurz halten, die zum Hof gehören. Da es anfangs so gut wie keine Abnehmer für Lammfleisch gab, wurden die Lämmer fast komplett an einen Händler vermarktet. Was aber damals bereits gut lief, war der Verkauf von Obst und Saft aus eigener Ernte.

1992 übernahm Jörg den Hof von seinen Eltern. Mehr als 20 Jahre lang lief der Hof mehr oder weniger nebenbei. Jörg Neyer startete in der Marketingbranche durch, seine Frau Ines arbeitete als Hotelfachfrau und kümmerte sich um die beiden Söhne Daniel und Jannik. Doch der Gedanke, dass man auf Dauer doch etwas mehr aus dem Betrieb machen könnte, ließ die Familie nicht los. Der Standort im Tecklenburger Land, in der Nähe von Städten wie Tecklenburg, Ibbenbüren oder Osnabrück, bot sich für den Ausbau der Direktvermarktung an.

Wir schlendern in Richtung Hofeinfahrt. Rechts laufen ein paar Enten und Gänse mit ihren Küken. Links stehen zwei mobile Hühnerställe für die Legehennen. Die Hühner und ein paar Hähne stolzieren über die Weide, einige scharren nach Regenwürmern, andere ruhen sich im Schatten aus. „Legehennen halten wir seit 2014", erzählt Jörg Neyer. Der Eierverkauf war der erste Schritt zum Ausbau der Direktvermarktung. Als Nächstes folgte die Erweiterung des Fleischverkaufs, neben Lammfleisch sollte auch Rindfleisch angeboten werden. Deshalb wurden 2016 Mutterkühe angeschafft und ein großer Offenstall gebaut, in dem Rinder und Schafe über den Winter stehen können. „Den Hofladen, so wie er jetzt ist, haben wir 2017 eingerichtet", sagt der Landwirt. Um die zusätzliche Arbeit zu bewältigen, ging Neyer zunächst in Teilzeit, bevor er 2019 seine Stelle als Marketingfachmann kündigte und Vollzeit in den Betrieb einstieg. Gemeinsam mit Ehefrau Ines kümmert er sich um den Hofladen und die Vermarktung, während die Söhne Daniel und Jannik neben ihrer beruflichen Tätigkeit außerhalb des Hofes für die Landwirtschaft und die Zerlegung zuständig sind. „Jeder hat seinen Bereich, das passt ganz gut", stellt er zufrieden fest.

Sehr viel Zeit investierten die Neyers in Marketing und Vertrieb. Besonders am Anfang, als sich die Familie intensiv mit Namensgebung, Logogestaltung und dem Entwurf von Werbematerialien wie Flyern oder Aufklebern beschäftigte. „Neyer verwechselt man gerne mit Meyer, deshalb haben wir den Betrieb Windmühlenhof genannt, so etwas prägt sich leichter ein, vor allem mit dem passenden Logo", erläutert Jörg Neyer und drückt mir die Infobroschüre des Betriebes in die Hand. Auf dem Cover ist die Zeichnung einer Windmühle abgebildet, darunter steht groß der Name des Betriebes. Neben Informationen wie den Kontaktdaten und dem Hofladenangebot beschreibt der Flyer aber hauptsächlich, wie die Tiere auf dem Windmühlenhof gehalten werden: Fotos von zufrieden aussehenden Schafen, Rindern und Hühnern auf der Weide sowie ein Foto der Familie im Schafstall unterstreichen das Bild, das Neyers ihren Kunden vermitteln wollen. Denn die meisten Kunden wollen nicht einfach nur ein anonymes Stück Fleisch kaufen: Sie fahren zum Windmühlenhof statt zum Discounter, um das Gefühl mit einzukaufen, dass das Tier, von dem dieses Fleisch stammt, artgerecht gehalten wurde, dass es auf der Weide stand und sich viel bewegen konnte. Viele Kunden möchten einen Blick in den Stall oder auf die Weide werfen – ein Wunsch, den der Landwirt gerne erfüllt. Das gehört dazu, wenn man einen Hofladen betreibt, weiß er und beantwortet gern alle Fragen zur Tierhaltung und zur Landwirtschaft.

Infobroschüren und eine gut gemachte Webseite, wie der Windmühlenhof sie hat, reichen allerdings allein nicht aus, um genügend Kundschaft anzuziehen. So idyllisch die Lage am Ortsrand auch ist, manchmal wünscht sich Jörg Neyer, dass der Betrieb direkt an einer Durchgangsstraße liegt. Laufkundschaft gibt es kaum. Stattdessen muss sich der ehemalige Marketingfachmann einiges einfallen lassen, um den Hof und seine Produkte in der Region bekannt zu machen. Drei Hoffeste sowie die Teilnahme bei einer WDR-Fernsehsendung haben hierzu beigetragen. „Trotzdem gibt es immer wieder Menschen aus der Umgebung, die uns erst jetzt kennenlernen und gar nicht auf dem Schirm hatten, dass quasi nebenan ein Hofladen betrieben wird", wundert er sich.

Ein wichtiger Faktor zur Kundenbindung ist das Ambiente auf dem Hof. „Viele Kunden bringen ihre Kinder mit. Die möchten dann ein paar Tiere sehen, das ist so ein bisschen wie ein Zooersatz. Hühner auf der Weide, ein paar Enten und Gänse, die Schafe – das alles trägt zum Gesamterlebnis bei“, weiß der Landwirt. Dafür muss der Hof jederzeit aufgeräumt und sauber sein – auch wenn der Hofladen nicht geöffnet hat. „Wir haben zwar nur mittwochs bis samstags geöffnet, aber immer wieder stehen auch an den anderen Tagen auf einmal Menschen auf dem Hof, die sich umschauen möchten“, sagt Jörg Neyer. „Das muss man mögen“, fügt er hinzu und zwinkert. Für ihn gehört der Kundenkontakt dazu, auch außerhalb der Öffnungszeiten, ebenso wie die langen Arbeitstage, die um sechs Uhr starten und nur selten vor 20 Uhr zu Ende sind. Das liegt auch am hohen bürokratischen Aufwand, den die Direktvermarktung mit sich bringt. „Wer keine Lust auf Büroarbeit hat, braucht mit der Direktvermarktung nicht anzufangen“, bringt er es auf den Punkt. Er verbringt so manche Stunde am Schreibtisch statt im Stall. „Aber wenn man Erfolg hat, macht es ja auch Spaß“, findet der Landwirt. Er bereut den Schritt in die Selbstständigkeit nicht und ist froh darüber, einen Weg gefunden zu haben, Produkte zu erzeugen, hinter denen er voll und ganz stehen kann und die sich gut verkaufen lassen.

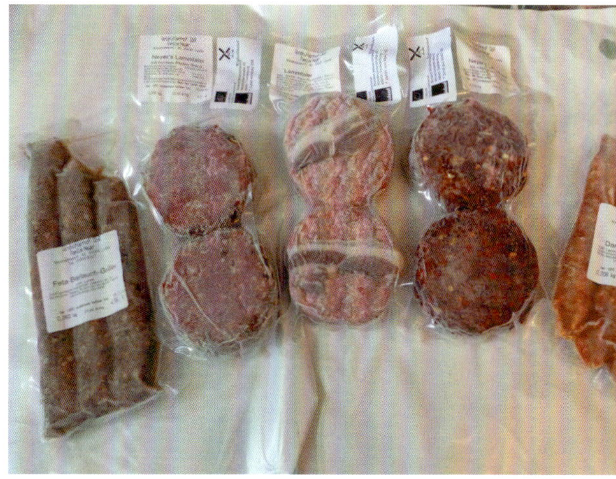

Kleine Portionen für den Mitnahmeeffekt: Bratwürste und Burgerpattys vom Lamm sind ein Renner auf dem Windmühlenhof.

Landschaftspflege

Spinnerei im Artenreich

Eine tatkräftige Gemeinschaft in Niedersachsen will Wolle wieder Wert geben

Mitten auf der Anhöhe, etwas entfernt von den Sendemasten, liegen die Skudden: kleine, langhaarige Schafe, die an diesem Junitag im Sommer 2017 den Schatten der Bäume suchen. Dem Sendemast „Gartow 2“ ist das Wetter egal, er sendet seit 1978 stoisch sein Signal, auf dem Höhbeck, einer Erhebung im Wendland, 20 Kilometer von den ursprünglich geplanten Atomanlagen Gorleben entfernt. In gewisser Hinsicht ist der Sendemast der Grund dafür, dass Schafe hier so ungestört grasen können. Warum, das erklärt Stefan Reinsch, ein Mann mit ernsten Zügen, auf einer Führung über das Gelände. Die Erhebung des Höhbecks, im östlichsten Zipfel Niedersachsens gelegen und bereits in der Jungsteinzeit von Menschen als Siedlungsplatz genutzt, versorgte Westberlin über Jahre hinweg mit Westfernsehen. Heute sendet nur noch einer der zwei Masten Radiowellen in die Welt, der Sendemast „Gartow 1“ wurde bereits 2009 gesprengt. Über Jahrzehnte hinweg konnte sich die Natur hier fast ungestört auf einer eingezäunten Fläche von über 30 Hektar entwickeln, die zum Teil regelmäßig gemäht wurde. „Über 360 Pflanzenarten wurden hier auf dieser Fläche bereits gezählt, dazu viele Insektenarten und Vögel“, erklärt Reinsch. „Auf dem gesamten Höhbeck kommen etwa 760 Pflanzenarten vor.“

Als ehemaliger Vorstand des Vereins „Artenreich Höhbeck“ hatte sich Stefan Reinsch zum Ziel gesetzt, die Artenvielfalt auf der Anhöhe zu erhalten. 2013 erwarb er Teile des Geländes – mithilfe von Fördergeldern – von der Telekom. Gemeinsam mit dem NABU, der 2014 ebenfalls Flächen auf dem

Höhbeck kaufte, sollte der Höhbeck nachhaltig bewirtschaftet werden. Denn um die Vielfalt erhalten zu können, müssen die Flächen und Wiesen, die auf dem Höhbeck noch nicht bewaldet sind, weiterhin offenbleiben. Dafür braucht es ökologische Landschaftspfleger, die die Flächen naturschonend abmähen – zum Beispiel die Skuddenherde – oder Reinsch selbst, der auf dem Höhbeck auch Sensenkurse anbietet.

Reinsch kam also vom Artenschutz zur Skuddenherde, durch die Schafhaltung zur Wolle und so zur „Genosse Schaf": Einer Produktions- und Vermarktungsgenossenschaft, die „Wolle wieder Wert geben" und somit Schafhalter und die Landschaftspflege in der Region fördern möchte – so heißt es in der Pressemitteilung, die die Genossenschaft im Mai 2017 herausgegeben hat. Der Vorstand der frisch gegründeten Genossenschaft, zu dem neben Reinsch auch Antje Scharmer gehört, kann sich für den Interviewtermin einen Monat später eine Stunde im fest getakteten Zeitplan der „Kulturellen Landpartie" auf dem Höhbeck freiräumen, irgendwo zwischen Sensenkurs und der nächsten Führung. Ursprünglich als kulturelle Protestaktion gegen das Atommülllager Gorleben entstanden, ist die „Kulturelle Landpartie" mittlerweile ein Großereignis zwischen Himmelfahrt und Pfingsten, das den gesamten Landkreis Lüchow-Dannenberg in einen Ausnahmezustand versetzt: Ausstellungen, Kunsthandwerkermärkte und Cafés auf fast jedem Hof, Partys, Yoga-Workshops, radelnde Touristen und Autos, die so auf der Landstraße parken, dass der Schulbus Probleme hat, an ihnen vorbeizukommen. Der Höhbeck ist in diesem Jahr ein solcher Aktionsort, mit einem Café auf der Anhöhe vor dem alten Haupthaus. Reinsch und Scharmer wollen hier aufklären, informieren und vor allem Mitstreiter für ihre Idee gewinnen.

Stefan Reinsch ist eigentlich Naturführer und Unternehmer, er bietet mit seiner Geschäftspartnerin Hannah Wilimzig unter anderem geführte Kanutouren auf der Elbe an. Aber vor allem ist Reinsch einer, der sich ständig Gedanken macht, wie man den Naturschutz an der Elbe vorantreiben könnte. „Die Intention und Motivation ist klar der Höhbeck und die Landschaftspflege, immer schon gewesen", sagt er. Für ihn war der Artenschutz auf dem Höhbeck schließlich der Anstoß zur Gründung der Genossenschaft: „Das war von Anfang an ein Thema: Schafe und was wir mit der Wolle machen wollen. Da wussten wir aber noch nicht so richtig, was." Im Herbst 2016 gründeten vier Frauen aus dem Wendland eine Initiative mit dem Ziel, regionale Wolle aus dem Wendland zu verarbeiten und zu vermarkten. „Das hat mich extrem begeistert, weil es genau das Thema war, das wir auf dem Höhbeck auch verfolgt haben." Reinsch bot der Initiative den Höhbeck als möglichen Ort für eine Wollwäscherei an. Doch in der ursprünglichen Gruppe gab es Meinungsverschiedenheiten, und daraufhin startete Reinsch seine eigene Initiative. Die Idee: waschen, kardieren, spinnen – alles aus regionaler Wolle, alles im Wendland. „Wir wollten das von A bis Z machen. Nicht hier die Wolle waschen und sie dann nach Belgien schicken, um sie dort weiterzuverarbeiten." Die Idee war da, nun suchte Reinsch nur noch nach einem Partner, um sie gemeinsam umzusetzen: „Da war es naheliegend, jemanden zu fragen, der mit Textilien zu tun hat."

Antje Scharmer, gebürtige Wendländerin, kehrte nach dem Studium des Textildesigns in Hannover und einer Weberlehre nach 30 Jahren in den Landkreis zurück, wo sie heute ihre eigene Webwerkstatt hat. Reinsch kannte sie vom Sehen („in der Gegend kennt sich eigentlich jeder"), also fragte er an. Scharmer stieg sofort ein, hatte sie sich doch schon vor Jahren Gedanken darüber gemacht, wie man handgewebte Textilien im Rahmen einer Genossenschaft vermarkten könnte. Reinsch und Scharmer haben eine klare Vision vor Augen. Den Tatendrang merkt man beiden an, wenn man mit ihnen zusammensitzt. „Die Idee ist einfach und bestechend – und entgegen allen

Machbarkeitsstudien und Trends werden wir sie auch umsetzen", ist Reinsch überzeugt. Dafür, dass vergleichbare Prozesse oft träge anlaufen, haben sie, mit einer Gruppe von insgesamt elf Leuten, die Genossenschaft in einem rasanten Tempo vorangetrieben. Mehr als 100 Personen sind informiert, 40 Genossen schon fest dabei, erste Presseberichte bereits veröffentlicht. „Ich war allerdings naiv, ich dachte, eine Genossenschaft wäre ein besserer Verein", sagt Reinsch, „deswegen bin ich froh, dass ich Antje gleich am Anfang mit dabeihatte, sonst wäre das wohl nichts geworden." Die Gründung einer Genossenschaft ist im Vergleich zu anderen Rechtsformen besonders umfangreich. Kritik an der Wahl dieser speziellen Rechtsform gab es natürlich auch. „Weil die kompliziert, aufwendig und teuer ist", erklärt Antje Scharmer, „aber die Transparenz und das Arbeiten auf Augenhöhe, das sind einfach die Werte, die wir damit transportieren können."

Ungefähr 100 Genossen benötigt die „Genosse Schaf", um das angelegte Geld mithilfe von Fördergeldern der EU und des Landes Niedersachsen verdreifachen zu können. Antje Scharmer zeigt sich optimistisch: „Wir sind zuversichtlich, dass wir bis Ende des Jahres genügend Mitglieder haben, um dann entsprechend zu investieren." Die Genossenschaft möchte das Geld in eine Wasch-, eine Krempel- und eine Spinnanlage stecken. Keine leichte Aufgabe in einem Land, in dem solche Maschinen seit Jahrzehnten nicht mehr produziert werden. „Bis wir die Maschinen endlich in Anspruch nehmen können, werden Monate vergehen", sagt Antje Scharmer. Möglicherweise muss europaweit nach den passenden Maschinen gesucht werden. Dafür hat sich bereits eine Arbeitsgruppe gebildet, die die Maschinen dann auch installieren und zum Laufen bringen würde.

Ziel der Genossenschaft ist es, eine breite Produktpalette aufzubauen, die von Strickgarnen über Teppiche bis zu Düngepellets reicht. Schon jetzt stellt eine Färberin, die schon seit Jahren handgesponnene Strickgarne mit natürlichen Farbstoffen färbt, erste Prototypen für die Genossenschaft her. „Wir brauchen einfach einen Testlauf", sagt Antje Scharmer. Auch für die Weberin Scharmer ist Wolle ein neues Kapitel, sie hat bisher vorrangig pflanzliche Fasern wie Leinen verarbeitet. Eine weitere Besonderheit: Die Genossenschaft möchte Wolle von mehr als 30 verschiedenen Schafrassen verarbeiten – ein komplett anderer Ansatz als in der herkömmlichen Textilindustrie, wo hauptsächlich feine Merinowolle verarbeitet wird. Für Scharmer stellt gerade diese Vielfalt eine Chance dar: „Die Vielfalt der Wolle befördert ein neues Design. Das ist für mich als Textildesignerin natürlich spannend: Was ist das für eine Qualität und was kann ich damit machen?"

Natürlich ist die „Genosse Schaf" nicht die erste Wollgenossenschaft Deutschlands. Aber vergleichbare Projekte kommen bisher hauptsächlich aus den Alpenregionen, aus Süddeutschland oder Tirol, wo die Wanderschäferei zum Kulturgut gehört. Trotzdem verfügen die wenigsten Unternehmen oder Wollgenossenschaften über eine eigene Wäscherei. Die Wäsche ist aber Grundvoraussetzung, damit die Wolle professionell weiterverarbeitet werden kann. Die Wolle wird daher meist in Belgien gewaschen, einem Land, in dem es – im Gegensatz zu Deutschland – noch mehrere größere Wollwäschereien gibt. Ein Vorbild von Stefan Reinsch ist daher das Ötztaler Schafwollzentrum Regensburger in Tirol. Dort wird die Wolle der Tiroler Berg- und Steinschafe vor Ort in einer eigenen Wäscherei gewaschen. Aus den Fasern stellt das Unternehmen Teppiche und Garne her.

In Norddeutschland sucht man vergleichbare Genossenschaften bislang vergebens – obwohl die norddeutschen Schafzüchter dieselben Probleme haben wie ihre süddeutschen Kollegen. Etwa einen Wollpreis, der vom Weltmarkt bestimmt wird und oft kaum die Schurkosten deckt. Es verwundert wenig, dass die Initiative „Genosse Schaf" ihren Ursprung ausgerechnet im Wendland hat, wenn man die Geschichte dieses Landstrichs kennt: Das Wendland ist seit den Protesten um Gorleben und der Ausrufung einer symbolischen „Freien Republik Wendland“ eine Hochburg der Andersdenkenden. Hier erwerben Bürger gemeinschaftlich einen Fluss, um ihn vor der Privatisierung zu bewahren, hierher lädt man Designstudenten ein, um neue Ideen für die ländliche Region zu erarbeiten. Gorleben verbindet die Andersdenkenden – und der gemeinsame Protest fördert den Gemeinschaftssinn. Im Wendland werden Werte wie Solidarität und Kampfgeist gelebt, während andere ländliche Regionen nicht nur emotional immer weiter ausdünnen. Solidarität spielt auch für „Genosse Schaf“ eine wichtige Rolle. Sie möchte für kleine Schäfereien und private Schafhalter eine Alternative darstellen und so Landschaftspflege in der Region fördern. So könnten regionale Schafhalter beispielsweise in einem Genossenschaftsladen vergünstigten Zugang zu Utensilien wie Tränken, Heu und Werkzeug bekommen. Auch die Einrichtung einer Schafbörse zum Tausch oder der Vermittlung von Tieren steht auf dem Aufgabenzettel der Genossenschaft.

Im Laufe ihrer Recherche besuchten Reinsch und Scharmer bereits die Lohnspinnerei Dickel, einen Einmannbetrieb im Sauerland, der Rohwolle von privaten Schafhaltern aus ganz Deutschland verarbeitet. „Das war inspirierend und hat uns motiviert – zu sehen, dass das funktionieren kann“, sagt Reinsch. Für ihn war der Besuch wichtig, um sich ein Bild von den Wollbergen machen zu können, die in Zukunft auf dem Höhbeck verarbeitet werden sollen („Eine Tonne Wolle, das sind Riesenberge!“). Möglicherweise wird die „Genosse Schaf“ mit ihrer Spinnerei in Zukunft eine Lücke füllen, denn das Angebot an Lohnspinnereien in Deutschland ist jetzt schon mager – und es sieht nicht so aus, als würde sich das demnächst ändern. Die Genossenschaft ist in ihrer speziellen Form ein Pionierprojekt in Deutschland.

Ungeklärte Fragen gibt es in diesem Sommer 2017 noch genug. Zum Beispiel, was mit dem Wollfett passieren wird, das bei der Wollproduktion anfällt. Ungefähr ein Drittel der ungewaschenen Wolle ist Wollwachs, Lanolin genannt. „Einen Teil werden wir zu Seife machen – aber wir brauchen keine vier Tonnen Seife“, sagt Reinsch. Für die Nutzung der Räumlichkeiten auf dem Höhbeck hat Reinsch schon sehr konkrete Pläne. „Die Wäscherei kommt dort rein“, sagt er und deutet auf einen Teil des lang gezogenen Gebäudes. Allerdings hat das Bauamt dabei noch ein Wörtchen mitzureden. „Ich garantiere nicht dafür, dass alles so umgesetzt wird, wie wir uns das vorstellen. Aber ich möchte fast garantieren, dass wir es umsetzen werden“, sagt Reinsch, und es klingt entschlossen. „Da sind wir hartnäckig im Wendland.“

Was Reinsch damals nicht voraussehen kann: Fast ein Jahr später, am 14. April 2018, wird die „Genosse Schaf“ aufgelöst – zumindest in Form der Genossenschaft. Die Genossenschaftler kommen dazu an demselben Ort zusammen, an dem sie die Genossenschaft ein Jahr zuvor gegründet hatten. Stuhlreihen stehen an diesem Samstag im Veranstaltungsraum des Ostbahnhofs Dannenberg, einem alten Bahnhofsgebäude, das zu einem Veranstaltungsort umgebaut wurde. Langsam füllt sich der Raum, es gibt leise, vereinzelte Gespräche. 10:04 Uhr: Antje Scharmer eröffnet die Sitzung und erklärt gleich zu Beginn, dass sie aus dem Vorstand der „Genosse Schaf“ zurücktreten möchte. Warum genau, das wird erst später deutlich, als die Mitglieder der Genossenschaft über die aktuellen Entwicklungen informiert werden: Hannah Wilimzig und Stefan Reinsch haben eine GmbH zur Wollverarbeitung gegründet. Diese GmbH wird nun das ursprüngliche Ziel der Genossenschaft weiterverfolgen: die Verarbeitung regionaler Wolle. Mit dieser GmbH wird also die „Kernaufgabe“, das ursprüngliche Ziel der Genossenschaft, infrage gestellt. Im Protokoll der Sitzung wird später die Frage auftauchen: „Ist die Existenz der Genossenschaft unter den neuen Bedingungen noch sinnvoll?“

Houget

Houget

Stefan Reinsch und Hannah Wilimzig erklären ihre Entscheidung vor den Genossenschaftlern. Reinsch nennt die Genossenschaft „einen guten Versuch, eine gute Idee". Aber das sei eben „nicht genug". Antje Scharmer erklärt zudem, dass die finanziellen Mittel der Genossenschaft nicht ausgereicht hätten: „Wir hätten uns verdreifachen müssen." Es gibt kritische Nachfragen, die Stimmung wirkt angespannt. Trotzdem reagieren auch viele Genossenschaftler verständnisvoll, stellen interessierte Fragen. Dann, die letzte Abstimmung. Die Auflösung der Genossenschaft wird einstimmig beschlossen, mit 36 von 36 Stimmen. Nach einer Stunde schließt Antje Scharmer die Sitzung. Einige der ehemaligen Genossenschaftler bleiben noch sitzen, überlegen, wie sie zusammen die Idee der regionalen Wollverarbeitung weiterhin unterstützen könnten: Aus der ursprünglichen Genossenschaft soll nun ein Verein werden. Was aber die Ziele dieses Vereins genau sein könnten, jetzt, wo die Aufgaben der Genossenschaft bei der neu gegründeten GmbH liegen, das ist zu diesem Zeitpunkt noch unklar.

Als Stefan Reinsch über zwei Jahre später am Eingangstor zu seinem Landschaftspflegehof „Artenreich Höhbeck" steht, stellt er gleich am Anfang klar, dass sich an seinem ursprünglichen Anliegen nichts verändert hat: „Das Ziel ist nach wie vor dasselbe: Artenschutz erhalten." Das sei die Basis, auf dem immer noch alles aufbaue – auch die Wollverarbeitung. Auf dem Höhbeck hat sich an diesem hellen Septembertag auf den ersten Blick nur wenig verändert. Der Sendemast steht noch an seinem Platz, die Skudden grasen heute auf einer anderen Weide. Von dem Cafèstand, der damals zur Kulturellen Landpartie aufgebaut war, ist nichts mehr zu sehen. Aus dem vorderen der beiden Hauptgebäude klopft und hämmert es. Hannah Wilimzig grüßt freundlich, dann verschwindet sie wieder, zu einer letzten Umbaumaßnahme: Die Lüftung muss heute baulich getrennt werden, so verlangt es der Brandschutz.

Beim Betreten des zweiten, hinteren Gebäudes, das parallel zum vorderen liegt, zeigt sich dann aber, wie viel sich hier in den vergangenen Jahren getan hat: Das, was früher der alten Funkstelle Höhbeck als Heizhaus diente, birgt jetzt Platz für eine Grobkrempelanlage, die Reinsch und Wilimzig liebevoll Betty nennen, und ein paar Strickmaschinen. Diese Krempelanlage, auf der Wolle zu Vliesen kardiert, also gekämmt werden kann, stammt noch aus Genossenschaftszeiten. Eine Chemnitzer Maschine, die die Genossenschaftler im Sauerland gefunden haben: „Wir sind die vierte Generation, die sie nutzt", sagt Reinsch, „und wir wollen damit Steppdecken machen."

Reinsch läuft wieder um das vordere Hauptgebäude herum, das früher für die Stromversorgung zuständig war, und öffnet die Tür des ersten Gebäudes von innen. „Wenn das da drüben eher so die Werkstatt ist, ist das hier eher die Manufaktur Wendengarn, die wir jetzt betreten", erklärt er. Dieser Teil des Gebäudes ist ein neuer Anbau, die Wände wirken noch frisch. Dort befindet sich eine riesige Maschine mit grünem Metallgehäuse, die für den Raum fast zu groß wirkt. Im Prinzip ist das auch so, denn Reinsch und Wilimzig mussten sie einmauern, um ihr einen neuen Raum geben zu können. Es handelt sich dabei um einen Krempelwolf, den ersten Schritt in der Wollverarbeitung, bei dem die gewaschene Wolle aufgelockert wird. Der Krempelwolf ist eine acht Meter lange, tunnelförmige Maschine, die sich auf ganz eigene Weise durch den eigenen Anbau schlängelt. „Die Anlage stand natürlich in einer großen Fabrikhalle", erklärt Stefan Reinsch, „wir haben das Konzept den Räumlichkeiten angepasst. Jetzt hat der Krempelwolf drei Etagen für Reinigungs- und Wartungsarbeiten." Reinsch wühlt in einem Papiersack, der in der Ecke steht, in seiner Hand kommen kleine Wollkügelchen zum Vorschein: das Produkt des Krempelwolfs.

„Dann gehen wir mal in die Spinnerei", sagt Reinsch. Im nachfolgenden Raum steht der Rest der Produktionsstraße: Eine komplette Kammgarnspinnerei, bestehend aus riesigen Krempelmaschinen mit vielen Rollen und Walzen, die aus den Wollkügelchen ein Wollvlies fertigen. Dieses Wollvlies wird dann immer weiter kardiert, also gekämmt, und gestreckt – und anschließend mithilfe einer Ringspinnanlage zu einem Garn gesponnen. Letztere ist noch nicht in Betrieb, weil Reinsch und Wilimzig auf Ersatzteile aus Portugal warten. Ebenfalls noch nicht eingerichtet sind die Zwirnmaschine, die Haspel und die Spulerei – die Maschinen, die einzelne Fäden zu mehrfädigen Garnen verzwirnen und auf Wollknäuel wickeln. Wenn diese Maschinen aber erst mal laufen, dann läuft auch alles andere, da ist Reinsch überzeugt: „Das Garn ist der Schlüssel für alles."

Die Suche nach dem richtigen Maschinenpark, das war ja schon immer ein Thema, erst für die Genossenschaft, dann für die neue GmbH. Denn geeignete Spinnmaschinen werden in Europa seit Jahrzehnten nicht mehr hergestellt. Die Maschinen, die Reinsch und Wilimzig suchen, mussten also aus zweiter Hand kommen – auch wenn sie schon einen Makler für fabrikneue Textilmaschinen eingeschaltet hatten. „Aber die handeln eher global. Da geht's um Industriebetriebe und nicht um den Höhbeck", meint Reinsch. Außerdem sollten die Maschinen in der Lage sein, mit gröberen, heimischen Garnen klarzukommen – nicht nur mit feiner Merinowolle, wie es oft bei heutigen Maschinen der Fall ist. Es ist die Suche nach einem Maschinenpark, der in dieser Form im heutigen Europa fast nicht mehr existiert, bereits auf dem Schrott, in Museen oder in Garagen verschwunden ist. Die Suche nach Wissen, das gerade dabei ist, auszusterben.

Schließlich werden Hannah Wilimzig und Stefan Reinsch fündig. Nur zufällig, durch einen Hinweis von einem Bekannten, der bei einem Besuch im mittelfränkischen Insingen unerwartet auf eine Spinnerei stieß. Die goldenen Zeiten hatte die Spinnerei Frankengarn in den 1980er- und 1990er-Jahren, wo sie beispielsweise Textilien für die Lufthansa herstellte. Zum Schluss wurden dort vor allem Walkstoffe gefertigt. Ein mittelständischer Betrieb, der, wie so viele, aus Altersgründen aufgeben möchte. Die Kinder des Inhabers wollen den Betrieb nicht übernehmen. Doch es gibt diese beiden Verrückten aus dem Wendland, die sich für seine Maschinen interessieren. Für den alten Inhaber ist das eine Möglichkeit, sein Wissen an die nächste Generation weiterzugeben. Für Stefan Reinsch und Hannah Wilimzig ist es das Ende einer langen Suche – und der Anfang einer neuen Reise. Nun nimmt das, wovon sie schon so lange träumen, endlich Gestalt an. „Als wir das erste Mal da waren, war ich hellauf begeistert", erinnert sich Stefan Reinsch. Ernüchterung stellte sich erst beim Beginn des Abbaus ein: ein riesiger, voll mechanischer Maschinenpark aus den 1960er-Jahren mit meterlangen Maschinen, der sich natürlich nicht in einem Stück, sondern nur Teil für Teil transportieren ließ. Insgesamt handelte es sich um 100 Tonnen Stahl, die „autogerecht" von Franken ins Wendland transportiert werden mussten.

Wenn Stefan Reinsch redet, reiht er manchmal ganz schnell Silben hintereinander. Schnell, effizient. Man kann sich gut vorstellen, dass ein Mensch wie Stefan Reinsch aneckt, in den festen Strukturen einer Genossenschaft unruhig wird. Denn das ist klar: Dass zwei Menschen wie Reinsch und Wilimzig, die einen Winter lang mit einem Lkw von Franken ins Wendland fahren, um fünf Tonnen Maschinenpark ab- und dann wieder aufzubauen, nicht unbedingt mit 70 Leuten über jeden kleinen nächsten Schritt abstimmen wollen. Das weiß auch Reinsch selbst: „Ich bin eher so der Macher", erklärt er, „und wir mussten schneller und flexibler handeln." Die Idee der Genossenschaft finde er nach wie vor gut, aber sie war „wirklich zu lang oder zu kurz gedacht." Einige der ehemaligen Genossenschaftler sind aber immer noch an Bord, als Teilhaber der neuen Wendengarn GmbH.

Manchmal kommen Nachfragen, wie denn nun der Stand sei. Ob es denn bald möglich sei, Wolle zu spinnen. Aber langsam wird die Vision greifbar. Allen Menschen, die die neue Spinnerei beträten, stünde erstmal der Mund offen, so Reinsch: „Dieser Maschinenpark beeindruckt die Leute jedes Mal. Weil sie das nicht erwarten." So langsam

drängt auch die Zeit, die Produktion muss anrollen. Ihre Kanustation haben Reinsch und Wilimzig Anfang des Jahres verkauft: „Das Geld ist alle, die Nerven liegen blank. Das muss jetzt einfach funktionieren." Das erste Produkt sollen eigene Steppdecken werden. Die Nähmaschinen dafür stehen nebenan schon bereit. Dann sollen Produkte wie Kammzug – ein gekämmtes Faserband, das meist zum Spinnen oder Filzen weiterverwendet wird – und Teppichgarn folgen. Immer noch hält Reinsch an seiner ursprünglichen Vision aus Anfangszeiten fest, an dem von „A bis Z-Produzieren". Nur für das A der Wertschöpfungskette, die eigene Wollwäscherei, ist auf dem Höhbeck voraussichtlich kein Platz mehr. Vorerst muss also noch in Belgien gewaschen werden. Aber auch da schmiedet die Wendengarn GmbH schon neue Pläne.

Als Reinsch an diesem Nachmittag noch bei den Skudden vorbeischaut, drehen sich alle Schafe raschelnd zu ihm um und nähern sich dann neugierig. 50 Tiere in zwei Herden grasen hier über den Höhbeck. Reinsch und Wilimzig streben in ihrem „Artenreich Höhbeck" die Wiederherstellung einer Kulturlandschaft aus dem 19. Jahrhundert an: „Zu Zeiten Beethovens war die Artenvielfalt am größten", erklärt Reinsch, „aber seit 20 Jahren befinden wir uns in einem spürbar freien Fall. Es ist gravierend, was wir gerade verlieren." Ihre Vision ist, mit der Firma Wendengarn von Oktober bis Ostern arbeiten zu können, um den Rest des Jahres ehrenamtliche Landschaftspflege auf dem Höhbeck zu betreiben. Den Schäfern der Region wollen sie mit ihrer Arbeit zeigen, dass Wolle einen Wert hat. Und Reinsch klingt selbst jetzt, nach so vielen Veränderungen und so viel Arbeit immer noch sehr entschlossen, ganz im Geiste des Wendlands: „Man hat's mal gesagt, jetzt muss man auch dazu stehen."

Was wächst denn da?

Das Schaf sei ein guter Landschaftspfleger, heißt es. Aber welche Pflanzen pflegt das Schaf eigentlich? Und andersherum, welche schmecken auch dem Schaf? Ein Einblick auf die Schafweiden, sowohl auf längst bedrohte als auch auf nicht gefährdete Pflanzenarten.

Wiesensalbei

Auch der Wiesensalbei stammt ursprünglich aus dem Mittelmeergebiet und blüht von Juni bis August. Aufgrund der lippenförmigen Blütenform erfolgt die Bestäubung hauptsächlich durch Hummeln. Er bevorzugt sonnige Standorte mit kalkhaltigen Böden.

Salvia pratensis

Origanum vulgare

Dost

Dost, auch Wilder Majoran oder Oregano genannt, ist eine alte Gewürz- und Heilpflanze. Ursprünglich im Mittelmeerraum beheimatet, ist er mittlerweile auch in ganz Europa zu finden. Dost wächst er auf Mager- und Trockenrasen. Die rosa Blüten blühen von Juli bis September.

Golddistel

Die gekochten Blätter der Golddistel soll der Mensch bereits in der Steinzeit gegessen haben. Die Golddistel wächst auf sonnigen Halbtrockenrasen, Magerrasen und -weiden. Sie blüht von Juli bis September. Ihre Blüten versorgen Bienen, Hummeln und Schmetterlinge.

Carlina vulgaris

Briza media

Mittleres Zittergras

Das Zittergras mit seinen eleganten, herzförmigen Ähren trägt seinen Namen, da es im Wind anfängt zu „zittern“. Es wächst sowohl in Europa als auch in Asien, ist aber die einzige in Deutschland vorkommende Zittergrasart. Es blüht von Juni bis Juli.

Bienen-Ragwurz

Bei der Bienen-Ragwurz handelt es sich um eine seltene Orchidee, die von Mai bis Juni blüht. Sie benötigt Trocken- und Magerrasen oder lichte Trockenwälder. Die Unterlippe der Blüte erinnert an Wildbienenarten – diese Nachahmung soll männliche Bienen anlocken.

Ophrys apifera

Thymus serpyllum

Sand-Thymian

Auch Feld-Thymian genannt. Seine rosa bis violetten Blüten blühen von Juni bis August. Er bevorzugt Standorte auf – wie es schon sein Name verrät – Sandtrockenrasen und in trockenen Kiefernwäldern. Thymian wird traditionell als Heilpflanze bei Erkältung und Magen-Darm-Erkrankungen eingesetzt.

Kleiner Wiesenknopf

Wird auch Pimpinelle oder Pimpernell genannt. Der Kleine Wiesenknopf gehört zu den Rosengewächsen und wächst bevorzugt auf trockenen Wiesen und sonnigen Standorten. Mit seinem gurkenähnlichen Geschmack gehört er zu den sieben Kräutern, die in der Frankfurter „Grünen Soße“ Verwendung finden.

Sanguisorba minor

„Ohne die EU gäbe es keinen Schäfer mehr.“

Das Schaf ist ein wichtiger Landschaftspfleger, seine Haltung allerdings ein bürokratisches Großprojekt. Und dann kommt auch noch der Wolf zurück. Norbert Horny vom Niedersächsischen Landesbetrieb für Naturschutz sieht die Schäferzunft gefährdet.

Herr Horny, nur wenige Leute wissen vermutlich, was Landschaftspflege bedeutet. Erklären Sie es uns?
Landschaftspflege ist ein Aufgabenbereich in Bezug auf selten gewordene Biotope. Sie sorgt dafür, dass Refugien für Pflanzen- und Tierarten geschützt werden, die von der modernen Landwirtschaft zurückgedrängt werden. Als staatliche Aufgabe ist sie verankert im Naturschutzgesetz.

Sie arbeiten im Niedersächsischen Landesbetrieb für Wasserwirtschaft, Küsten- und Naturschutz, einer Dienststelle des Umweltministeriums. Was ist Ihre Aufgabe?
In meinem Arbeitsbereich beschäftigen wir uns hauptsächlich mit der Pflege und Betreuung landeseigener Naturschutzflächen. Das tun wir, indem wir zum Beispiel Verträge mit Landwirten abschließen, die sich als Pächter um Feuchtwiesen und Magerrasen kümmern. Niedersachsen hatte früher viele Hochmoore, mehr als andere Länder. Wir kaufen solche Flächen, um diese neu zu vernässen, wenn eine Nutzung für landwirtschaftliche Zwecke nicht mehr möglich ist. Oder um sie offenzuhalten, damit sich kein Wald entwickelt und Pflanzen und Tiere erhalten bleiben. Hier kommen die Schafe ins Spiel.

Warum Schafe?
Ihre Pflege der waldfreien Flächen ist kostengünstiger und ressourcenschonender als die von Spezialmaschinen. Der Vorteil von Schafen und Ziegen ist: Man kann sie an Extremstandorten einsetzen, die mit Maschinen kaum befahrbar sind, etwa Trockenrasen in Hanglage. Oder Mooren, die richtig nass sind, aber wiederum nicht so nass, dass nichts wachsen würde. Im Großen Moor fressen die Schafe von Mai bis Oktober Moor- und Sandbirken.

Sie haben auch Ziegen erwähnt.
Ja, neben 700 Mutterschafen weiden im Großen Moor auch 30 Ziegen, weil sie Gehölze verbeißen. Schafe und Ziegen in einer Herde zu halten ist nicht einfach. Sie sind ihrem Wesen nach sehr unterschiedlich. Deshalb werden Ziegenlämmer manchmal in die Obhut von Schafen gegeben, die ihr eigenes Lamm verloren haben oder genug Milch geben. Diese Ziegen verhalten sich später mehr wie Schafe, und dann kann man die beiden besser zusammen weiden lassen.

Landschaften, die in Niedersachsen gepflegt werden: Deich, Heide und Moor, hier bei Diepholz.

Wer kümmert sich um die Tiere?
Unser Schäfer, der für das Große Moor verantwortlich ist. Wie andere Landwirte und Bewirtschafter von Moorflächen hat er einen Antrag bei der Landwirtschaftskammer für bestimmte Biotopflächen gestellt und Fördergelder beantragt. Ich muss in solchen Fällen beurteilen, ob das jeweilige Projekt förderungswürdig ist und ob es der Umsetzung der niedersächsischen Naturschutzziele dient. Wie lange unser Schäfer auf den Beweidungsflächen bleiben darf, geben wir ihm nicht vor, weil er das am besten selbst beurteilen kann, auch abhängig vom Witterungsverlauf.

Wie funktionieren die Förderprogramme?
Unser Schäfer nimmt an verschiedenen Programmen teil, etwa am Niedersächsischen Agrar-Umweltprogramm, bei dem er Prämien bekommt für die Grünlandbewirtschaftung. Von uns hat er rund 200 Hektar landeseigener Flächen gepachtet. Die Verträge laufen immer fünf Jahre. Zusätzlich beweidet er Flächen von anderen Eigentümern, zum Beispiel von Privatleuten.

Namensgeberin: Heidekraut in der Lüneburger Heide.

Was ist in den Pachtverträgen vorgeschrieben?
Er darf keine Pflanzenschutzmittel einsetzen, nicht düngen und erst spät mähen – nach der Vogelbrutzeit und nur, wenn er Heu macht. Im Moor beweidet er aber viele Flächen sowieso nur, und das Grünland wird hier schon seit 1985 ohne Düngung bewirtschaftet. Dadurch vermehren sich die Gräser, die wenig Ertrag bringen, während das für ihn attraktive Weidegras immer weiter zurückgeht. Im Sinne des Naturschutzes ist diese Entwicklung gewünscht. Für den Schäfer ist sie nicht gut, weil sich das Heumachen nicht mehr lohnt.

Wie viel Pacht fällt an?
25 bis 50 Euro je Hektar – sehr wenig im Vergleich dazu, was in anderen Regionen für Grünland gezahlt wird. Unsere Verwaltungskosten werden gerade so gedeckt.

Und trotzdem gibt es anschließend Prämien für die Weiden?
Das ist ein bisschen kompliziert. Die Prämien, die der Schäfer bekommt, sind eigentlich ein Ausgleich für seine sehr hohen Kosten. Beispielsweise dafür, dass er noch Angestellte bezahlen muss und mit Wolle kaum mehr etwas einnimmt – lukrativ ist eigentlich nur das Lammfleisch. Das Hüten spielt übrigens eine immer geringere Rolle. Der Schäfer hat mobile Koppeln mit einem Zaun, den er alle zwei bis drei Tage umsetzt. Für das aufwendige Auf- und Abbauen ist er auf Zuschüsse angewiesen, sonst würde sich das gar nicht mehr rechnen. Würden die EU und das Land Niedersachsen nicht ihre Fördergelder ausschütten, gäbe es keinen einzigen Schäfer mehr bei uns, keinen.

Das heißt, die EU vergibt noch einmal eigenes Geld?
Für Flächen im Umfeld des Moors, die unser Schäfer gekauft hat, erhält er von der EU eine Prämie, die grundsätzlich jeder Landwirt bekommt – um die 350 Euro im Jahr für den Hektar. Diese bewirtschaftungsunabhängige Pauschalzahlung, die von Naturschützern kritisch gesehen wird, fällt in diesem Fall höher aus als die Pacht. Sie wird dann allerdings mit dem Geld aus anderen Förderprogrammen verrechnet.

Ganz schön viel Bürokram.
Vor allem müssen alle Anträge digital bei der Landwirtschaftskammer eingereicht werden. Die Landwirte stöhnen über diesen Aufwand – überhaupt darüber, dass sie einen Großteil ihres Geldes praktisch am Schreibtisch verdienen, indem sie Formulare ausfüllen.

„Die Landwirte stöhnen über diesen Aufwand."

Kommen wir noch auf ein anderes Problem zu sprechen. Der Wolf breitet sich in Niedersachsen wieder aus.
Aus Sicht des Schäfers kann das natürlich eine Katastrophe sein. Wenn die Schafe eingezäunt sind, können sie nicht vor Angreifern fliehen. Dann holt sich der Wolf nicht nur ein Schaf, sondern mehrere, und der Rest der Herde ist danach verstört. Das habe ich bisher allerdings nur gelesen. Mein Schäfer hatte erst eine einzige Wolfsattacke, und die war wohl nicht so dramatisch. Gegenüber dem Großen Moor, auf der anderen Seite des Elbe-Seitenkanals, soll es jetzt aber ein Rudel Wölfe geben. Da sehe ich erhebliche Probleme auf uns zukommen. Es ist nur eine Frage der Zeit, bis diese Tiere auf unsere Schafe treffen werden.

Wie denken Sie darüber?
Es ist fatal: Auf der einen Seite ist der Wolf bisher ein seltenes Tier gewesen, das nach einer europäischen Richtlinie geschützt ist. Und als Naturschutzbehörde sind wir natürlich daran interessiert, dass sich in Niedersachsen eine stabile Population ansiedelt. Doch für die Tierhalter, die Extensivflächen wie Magerrasen und Moore bewirtschaften, wäre das ein massives Problem. Wer seine Schafe jede Nacht draußen lässt und keinen festen Stall hat, kann ja nicht alle drei Tage einen neuen wolfssicheren Zaun bauen, immer wieder an einem neuen Standort. Nur feste Weiden lassen sich mit Strom wolfssicher anlegen.

Was wird also passieren?
Im schlimmsten Fall gibt der eine oder andere Schäfer auf. Es möchte sowieso kaum jemand Schäfer werden, die haben absoluten Personalmangel. Man müsste also darüber nachdenken, ob man einzelne Wölfe entnimmt, beziehungsweise abschießt. Ich vermute, irgendwann wird es so weit kommen. Noch sind wir nicht an dem Punkt, weil der Wolf eben auch geschützt werden muss – meine persönliche Meinung.

Was ist mit Schutzmaßnahmen wie Herdenschutzhunden?
Herdenschutzhunde sind insofern problematisch, als sie die Herde nicht nur gegen Wölfe, sondern ebenso gegen alles andere verteidigen. Im Großen Moor wäre das wahrscheinlich kein großes Problem, da es touristisch nicht so stark frequentiert ist. Auf den Deichen und entlang der Elbe jedoch schon, wegen Konflikten mit Wanderern und Touristen. Ein Problem, für das es keine Lösung gibt – man müsste unseren Umweltminister einmal fragen, ob er eine hat! Die Sache war sogar ein Thema im Landtagswahlkampf in Niedersachsen. CDU und FDP vertreten die Position, dass man Wölfe in Zukunft entnehmen muss. Bislang hat man aber erst einen Problemwolf abgeschossen.

Gute Aussichten

Es gibt wahrscheinlich nicht so viele Schafe auf dieser Welt, die man nur mit einem Aufzug besuchen kann. Die Walliser Schwarznasen im Münchner Werksviertel gehören dazu.

Das Münchner Werksviertel-Mitte ist auf den ersten Blick einer dieser Orte, wie sie gerade in vielen Großstädten entstehen. Die Formel dafür ist immer dieselbe: Man nehme ein altes Fabrikgelände, reiße die Gebäude aus den vergangenen Jahrhunderten ab oder entkerne sie komplett. Später vermietet man die entstandenen Büroflächen an Firmen mit Mitarbeitern, die hauptsächlich vor ihren Rechnern sitzen und irgendwas im Internet machen. Im Werksviertel-Mitte weisen ein paar alte Gebäude und die Schienen im Boden auf die Vergangenheit des Ortes hin, an dem die Firma Pfanni früher Knödel und Kartoffelbrei produzierte. Noch besteht das Panorama des Werksviertels aus vielen Baustellen. Das soll sich bald ändern: Ein Bauschild zeigt etwa das Opernhaus, das hier in den nächsten Jahren entstehen soll. Daneben steht bereits ein Riesenrad, das noch etwas einsam auf dem weiten Gelände wirkt.

Das Herzstück des Werksviertel-Mitte ist im Moment das Werk3, ein lang gezogenes, leuchtorange gestrichenes Gebäude. Das Ambiente des Ortes ist genau so, wie es seine Architekten wahrscheinlich geplant haben: Vor der Längsseite des Gebäudes sitzt eine Frau in einem gepunkteten Kleid, die Augen mit einer Sonnenbrille verdeckt. Sie bespricht an ihrem Smartphone Stornobedingungen, vor ihr ein Espresso, in der Hand eine Zigarette. Unweit entfernt sitzt eine andere Frau gleich vor zwei geöffneten Laptops an einem langen Holztisch. Ein schwarz gekleideter Turnschuhträger kommt auf seinem Rennrad angefahren. In einem Durchgang im Erdgeschoss steht eine Gruppe Menschen vor einem kleinen vietnamesischen Imbiss an und wartet auf ihr Mittagessen. Niemand käme angesichts dieses urbanen Ambientes auf die Idee, dass weit über diesem Treiben eine kleine Schafherde wohnt.

Eine Schafweide, die man ausschließlich mit dem Aufzug erreicht – das dürfte sich auf der Welt nicht sehr oft finden. Entsprechend groß war das Medienecho, als im Oktober 2017 eine kleine Herde Skudden auf das Flachdach des Werk3 zog. Menschen drängten sich vor dem Lastenaufzug, um ein Foto mit dem Smartphone zu schießen. Ein Priester in Begleitung von zwei Ministranten sprach sogar einen Segen für das Dach aus. Und die Schafe? Die zeigten sich von dem Rummel sichtlich irritiert.

Die Idee für das ungewöhnliche Projekt hatte der Pfanni-Erbe Werner Eckart. Ursprünglich sollte das Dach einfach nur Regenwasser aufnehmen können, ein halber Meter Substrat wurde deswegen hier aufgetragen. Und wo es grünt, könnte man ja auch lebendige Landschaftspfleger halten, so die Idee – und die wiederum brauchen einen Schäfer. Der Schäfer der Stadtalm heißt Nikolas Fricke. Er kommt an diesem Freitag die Treppe des Eckhauses – so heißt das Verwaltungsgebäude des Werksviertels – heruntergesaust. Eigentlich gebe er kaum noch Interviews, sagt er, er müsse sich etwas schützen, damit er überhaupt noch zum Arbeiten komme. Denn das Interesse an der Stadtalm ist nach wie vor groß. Nikolas Fricke ist seit 2017 Nachhaltigkeitsbeauftragter des Werksviertels, das begrünte Flachdach ist nur eins seiner vielen Projekte. Wie man an diesen Job kommt? Tatsächlich suchte das Werksviertel über eine Stellenausschreibung nach einem Schäfer. Und Fricke, der zwar kein ausgebildeter Schäfer, aber begeisterter Hobbyzüchter ist, bewarb sich. Eigentlich studierte Fricke Landwirtschaft und Nachhaltiges Ressourcenmanagement. Während er an seiner Dissertation im Fach Sozialgeografie arbeitete, entdeckte er die Schafhaltung für sich. Fricke, der als Sohn eines Biologen selbst auf dem Land aufgewachsen ist, dachte wie viele junge Eltern in der Großstadt oft darüber nach, mit seiner Frau und seinen zwei Kindern zurück aufs Land zu ziehen: „Aber als mir klar wurde, dass es eigentlich nur die Landwirtschaft ist, die mich zurück aufs Land zieht, habe ich mir gesagt: Eigentlich kann ich auch die Landwirtschaft in der Stadt betreiben." Seitdem hält Fricke eine Herde Walliser Schwarznasen.

Der Kopf hinter der Rooftop-Farm: Nikolas Fricke.

40 Schafe, die meist auf drei Standorte verteilt sind: zum Beispiel in den Isarauen, am Starnberger See und eben auf der Stadtalm. Um zur Etage 6 des Werk3 zu kommen, nimmt Fricke heute denselben Lastenaufzug, mit dem damals auch die Tiere aufs Dach gekommen sind. Die Glastür zur Stadtalm lässt sich nur mit einem Chip öffnen, den er am Schlüsselbund trägt. Dann eröffnet sich dem Betrachter ein kurioser Anblick: auf der einen Seite eine stufenförmige Dachterrasse, auf der gerade die Mieter des Werk3 zu Mittag essen, auf der anderen Seite Luft- und Treppenhausschächte, Rasenflächen, kleine Nadel- und Laubbäume, Hochbeete, Bienenkästen und zwei Almhütten aus Holz. Dazwischen drei Mutterschafe, ein Widder und zwei Lämmer der Rasse Walliser Schwarznasen, ein paar flugfaule Brahma-Hühner und ein Königreich Carnica-Honigbienen. Sie alle leben hier auf 2500 Quadratmeter Fläche zusammen.

Ein Schild am Zaun weist darauf hin, dass die Stadtalm nicht für Unbefugte zu betreten ist. Ursprünglich sollte das Flachdach überhaupt nicht öffentlich zugänglich sein, sondern einfach nur nachhaltig bewirtschaftet werden. „Aber wir wollten jetzt nicht die gängige Photovoltaik einsetzen, sondern hier eigentlich eher die ökologische und soziale Seite der Nachhaltigkeit beleuchten", erklärt Fricke. Die Idee mit den Schafen, die kam tatsächlich erst sehr spät hinzu. „Dadurch, dass es eben ein besonderes Projekt ist, wollten wir das auch der Öffentlichkeit ein Stück weit zugänglich machen", sagt Fricke, „wir wollten aber keine Leute, die hier ihre Picknickdecken ausbreiten." Dafür sei der Platz auch nicht ausreichend. Deswegen ist die Stadtalm heute nur im Rahmen von Führungen oder mit der Almschule erlebbar – einem pädagogischen Projekt, bei dem Schulklassen aus der Region an Umweltthemen herangeführt werden. Die Resonanz auf das luftige Klassenzimmer ist groß: 142 stehen momentan auf der Warteliste, pro Jahr betreten achtzig bis hundert Schulklassen das Dach.

Die Almschule soll junge Menschen für landwirtschaftliche und ökologische Themen sensibilisieren. Im Schulgarten lernen sie verschiedene Gemüsesorten kennen, in der Ameisenfarm, die sich in einem der Treppenhaus-Schächte verbirgt, wie ein geschlossener Kreislauf funktioniert. In verschiedenen Workshops bekommen die Kinder Einblicke in ökologische Themen, beispielsweise Lebensmittelverschwendung. Für die Zukunft plant Fricke auch eine Klimastation, in der die Kinder Echtzeit-Klimadaten sammeln sollen.

Nikolas Fricke lacht viel, wenn er redet. Oft sieht man dabei seine weißen Zähne. Er sei ein lebendiger und unruhiger Mensch, sagt er, „aber die Schafe bringen mich total zur Ruhe." Und selbst jetzt, als Nikolas Fricke nur zu seinen Schafen hinüberblickt, zeigt sich auf seinem Gesicht ein Lächeln. Die Rasse der Walliser Schwarznasen lernte Nikolas Fricke zum ersten Mal bei einem Krippenspiel kennen. Eine Bergschafrasse, die ihren Namen zum einen dem Schweizer Kanton Wallis verdankt, zum anderen ihrem besonderen Aussehen: Aus dem langen, naturweißen Fell schaut ein schwarzes Gesicht mit schwarzen Ohren heraus. Das führt dazu, dass die Schafe auf den meisten fotografischen Abbildungen wie die Kinderzeichnung eines Schafs aussehen, weil die Konturen des Gesichts komplett in einer schwarzen Fläche verschwinden. Zusätzliche Punkte tragen die Tiere an den Vorderknien und Füßen. Eine robuste Bergschafrasse mit guten Muttereigenschaften, wie es im Fachjargon heißt, perfekt an die Lebensbedingungen in den Alpen angepasst – oder eben auf einem Münchner Häuserdach. Im vergangenen Winter brachten die Mutterschafe hier sogar ihre Lämmer zur Welt, für die das Flachdach ebenfalls ein festes Zuhause geworden ist.

Doch was ist eigentlich aus den Skudden geworden, die damals hier mit großem Empfang begrüßt wurden? Die Skudden, vorsichtige Tiere mit einem starken Fluchtinstinkt, waren nicht geeignet für die pädagogische Arbeit, die sie hier erwartete. Also tauschte Fricke sie gegen ein paar seiner eigenen Schwarznasen aus: „Weil Walliser Schwarznasen standorttreu, viel ruhiger und leichter zu handeln sind." Die Schafe lassen sich auch heute kaum aus der Ruhe bringen. Weder davon, dass ihre Almhütte von zwei Pflegern gesäubert wird, noch von ihrem „Nachwuchsschäfer" Fridolin, Frickes Sohn, der heute einen Sommerferientag auf der Stadtalm verbringt und ihnen ein paar Zuckerrübenschnitzel bringt. Die Schwarznasen leben den ganzen Sommer von den Gräsern, die auf dem Dach wachsen, im Winter wird zugefüttert. Das Wasser zum Tränken oder Reinigen des Stalls kommt – unromantisch, aber effektiv – aus dem Wasserschlauch. Damit es hier nicht zu eng wird, hat Fricke erst vor Kurzem ein paar ausgewachsene Lämmer der Herde entnommen und, natürlich mit dem Aufzug, nach unten transportiert und auf seinen anderen, bodenständigeren Weiden untergebracht. Jetzt lebt wieder der alte „Kernstamm" der Herde auf der Stadtalm.

Die Walliser Schwarznasen sind mittlerweile zu Maskottchen für das Werk3 geworden: ob nun auf der Webpräsenz des Werksviertels-Mitte oder auf dem Cover der hauseigenen Zeitschrift. Neben den Schafen auf dem Dach hält Fricke auch eine kleine Herde an den Isarauen mitten in München und in seiner Heimat, am Starnberger See. Aber ganz egal, wo er weidet – er wird angesprochen. Wie erklärt er sich das ständige Interesse an seinen Tieren? „Ich glaube, das hängt einfach mit dem Bild der Landwirtschaft zusammen: Die Landwirtschaft ist draußen, und die hat eigentlich keinen Platz in der Stadt." Fricke möchte mit dem Werksviertel zeigen, dass es anders geht.

Sind die Rooftop-Schafe also ein Zukunftsmodell? Noch klinge das alles „wahnsinnig exotisch", gibt Fricke zu, aber es sei mittlerweile schon oft städtische Vorgabe, Dachflächen zu begrünen: „Ich denke schon, dass die Dachbegrünung ein Zukunftsmodell ist, weil der Platz immer weniger wird." Ob es jetzt aber immer Schafe sein müssen, die dort auf den Dächern stehen? Eher unwahrscheinlich, meint Fricke. Hier werden wohl eher menschliche Landschaftspfleger zum Einsatz kommen.

Botschafter für Nachhaltigkeitsthemen, so nennt Nikolas Fricke seine vierbeinigen Landschaftspfleger manchmal. Er möchte als Nachhaltigkeitsbeauftragter des Werksviertels lokale Lösungen für globale Umweltprobleme finden. Deswegen gehört nicht nur die Stadtalm zu seinen Aufgaben, sondern auch ein viertelübergreifendes Kompostiersystem für biologische Abfälle. In Zukunft ist auch eine hauseigene Versorgung mit frischem Gemüse geplant – beispielsweise mit einer vertikalen Farm im Treppenhaus, aber auch mit klassischem Acker- und Gemüsebau. Und da verabschiedet sich Nikolas Fricke auch schon, denn er muss wieder weiter. Es bleibt noch viel zu tun, um die Landwirtschaft ein Stück weiter in die Stadt zu holen.

Hinter dem Leitschaf verschwinden

Sven de Vries ist dank Social Media Deutschlands bekanntester Schäfer. Nun startet er die Onlinevermarktung seiner eigenen Produkte – und hofft, so in den Hintergrund zu treten.

Sven schreibt, es wäre am besten, gegen 12 bis 16 Uhr anzureisen, wenn die Schafe schlafen. Er hat angeboten, mich abzuholen, denn der Arbeitsort eines Schäfers lässt sich nur schwer ohne Auto erreichen. Als Sven dann auch wirklich am Bahnhof Schelklingen steht, als mein Zug ankommt – groß, bärtig, zerzauste lockige Haare, buschige Augenbrauen, eine Zahnlücke, wo der rechte Backenzahn saß –, ist das ein merkwürdiges Gefühl. Seltsam, jemanden kennenzulernen, den man über so viele Jahre online verfolgt hat – beziehungsweise dem man gefolgt ist, wie es bei Twitter heißt. Sven de Vries, Ende dreißig, ist, ohne Übertreibung, Deutschlands bekanntester Wanderschäfer. Vor sieben Jahren fing er an, seine täglichen Erlebnisse auf Instagram zu teilen. Mittlerweile ist Sven nicht nur Twitter-, sondern auch Instagram- und Facebook-Schäfer. Er hat eine Website, einen YouTube-Kanal, den er nur noch selten bespielt, und einen Podcast, den er seit anderthalb Jahren nicht mehr aktualisiert hat, weil sich etwas in ihm sträubt, neue Folgen aufzunehmen. „Das ging mir einfach zu nah“, sagt er.

Svens Wohnwagen steht in diesem Juli unweit seiner Herde, auf einer Wiese am Waldrand in den Bergen der Schwäbischen Alb. Auch hier fühlt sich manches schon vertraut an. Seine Hündinnen Bebi und Pitu zum Beispiel, Mutter und Tochter, zwei Altdeutsche Schäferhunde, deren Namen Sven in seinem Podcast ins Mikrofon brüllt, wenn sie unerlaubt in die Herde schießen.

Am späten Nachmittag beginnt das Ritual, das sich in diesen Sommertagen täglich wiederholen wird: Ein Kaffee, eine Zigarette vor dem Wohnwagen, dann leint Sven die Hündinnen los, sagt: „Hupf inni!", und klopft auf die Klappe vom Pick-up, damit die Hündinnen hineinspringen. Wenn Sven dann die Zündung anlässt, leuchtet sein iPhone auf – und auf dem Sperrbildschirm schaut Seppi in die Kamera, ein bereits verstorbenes Schaf, das zu einer kleinen Berühmtheit in seinem Twitter-Feed wurde. Sven fährt den rumpelnden Nissan wenige Minuten durch ein Waldstück zum Mittagspferch der Sommerweide, in dem die Schafe im Schatten dösen. Er steigt aus, öffnet die Heckklappe, und die beiden Hündinnen springen in einem eleganten Bogen aus dem Wagen. Sven schaltet das Weidezaungerät aus und öffnet das Netz. Ein Ruf von ihm, dann strömen die 720 Schafe und 25 Ziegen heraus. In unterschiedlichen Formationen nehmen sie immer so viel Platz ein, wie die Wiese, der Pfad, die Straße es gerade zulässt. Wie ein Schwarm, der nun hinter seinem Schäfer herzieht. Bebi und Pitu kreisen hechelnd um die Herde. Eine einstudierte Choreografie, in der die Herde immer wieder unterschiedlichste Formen annimmt – als hätte man ein Getränk ausgeschüttet, das sich nun bedächtig seinen Weg bahnt.

Wenn die Schafe die Wiesen erreichen, ist da nur noch das Geräusch von 745 Mäulern, die Grashalme abreißen. Dazu der Geruch, den die Herde hinterlässt, nachdem sie eine Weide abgegrast hat: Wilder Thymian, Schafgarbe, eine Wildkräutermischung, die wie ein frischer Teeaufguss duftet. „Das ist der Geruch von meinem Zuhause", sagt Sven. Hier, auf den Wacholderheiden der Schwäbischen Alb, die Sven zusammen mit seinem Kollegen Max Frankenhauser im Sommer beweidet, tummeln sich 40 bis 80 Arten pro Quadratmeter. Sven, in Zimmermannshose und T-Shirt gekleidet, schlappt in offenen Plastikschuhen über die Wiesen, die sein Wohnzimmer geworden sind. „80 Arten, die koexistieren können,

Auf den Wacholderheiden zu Hause: Wanderschäfer Sven de Vries.

und ich häng da ab! Das ist der richtige Lebensraum für mich!", grinst er. 130 Hektar Fläche beweiden Sven und Max im Biosphärengebiet der Schwäbischen Alb im Sommer, im Winter in Oberschwaben. Einige dieser Wiesen, die die beiden Schäfer hier frei halten, werden bereits seit der Bronzezeit von Menschen und ihren Nutztieren beweidet. Die Schafe sorgen dafür, dass diese Flächen nicht verbuschen, und sie verbreiten die seltenen Arten zusätzlich, wenn beispielsweise Pflanzensamen im Fell der Tiere mitreisen. Ein lebendiges Erbe, in doppelter Hinsicht: Denn die beiden Schäfer sichern mit ihrer Herde nicht nur das Fortbestehen seltener Insekten- und Pflanzenarten. Sie halten auch die Nachfahren der Tiere, die unmittelbar mit der

Geschichte der modernen Schafhaltung in Deutschland verknüpft sind.

Merinolandschafe, wie Sven und Max sie halten, gibt es erst seit dem 18. Jahrhundert in Baden-Württemberg. Gute Schafwolle war lange ein Wirtschaftsvorteil: So galt die Wolle des spanischen Merinoschafs im 18. Jahrhundert als besonders wertvoll. Das Monopol wurde allerdings streng gehütet, die Schafe durften nicht ausgeführt werden. Gelegentlich wurden Schafe von Schmugglern über die Pyrenäen nach Frankreich geschleust, sodass sich auch in Frankreich Merinoschafe antreffen ließen. Im Herzogtum Württemberg dagegen wurden zu dieser Zeit noch vor allem mischwollige Rassen wie das Zaupelschaf gezüchtet. 1785 sandte Karl Eugen, Herzog von Württemberg, erst zwei Schäfer und später den Kammerrat Jacob Friedrich Wider mit seinem Oberscribenten Stängel nach Spanien, um dort und in Südfrankreich Feinwollmerinoschafe zu erwerben. Er ließ dazu alle nötigen diplomatischen Kontakte zum spanischen Königshaus spielen. Die siebenmonatige Reise ist bis heute durch Briefe und Rechnungen gut dokumentiert: Am 10. September 1786 erreichte der Oberscribent mit den beiden Schäfern und 104 Tieren das schwäbische Münsingen. Und der Schachengrund bei Justingen, die Wiese hinter Svens Bauwagen, ist eine der Flächen gewesen, auf denen die Tiere nach ihrer Ankunft weideten.

Diese Merinoschafe wurden mit den robusteren Landschafrassen aus Württemberg gekreuzt – und sind somit auch die Vorfahren der Merinolandschafe, die Sven und Max heute halten. Straßennamen wie die Schafmarktstraße in Ehingen weisen heute noch auf die Zeiten hin, in denen in der Region Tausende von Schafen weideten. Im Deutschen Reich wurden zeitweise 25 Millionen Schafe gehalten. Doch die Zeiten des „Goldenen Vlieses“ sind längst vorbei. Heute reicht der Wollpreis oft gerade noch aus, um den Scherer zu bezahlen. Die Haupteinnahmequelle der kleinen Schäferei ist die Landschaftspflege, die von der Europäischen Union und dem Land Baden-Württemberg subventioniert wird. Aber der bürokratische Aufwand, der ökonomische Druck und die Angst vor dem Wolf sind groß. Viele alte Schäfer und Schäferinnen geben auf. Die Zahl der Berufsschäfereien in Deutschland ist unter 1000 gesunken. Für die Jungen sind die 80-Stunden-Woche, die schlechte Bezahlung und die Bedingungen oft so abschreckend, dass sie sich nicht mal ausbilden lassen. Um auf solche Probleme aufmerksam zu machen, startete Sven de Vries erst seinen Twitter-Account und dann, 2018, eine Petition.

Das Jahr 2018 kommt in Svens Erzählungen oft vor. Es ist das Jahr, in dem er allein für seine Herde verantwortlich ist und jeden Tag arbeitet. Das Jahr, in dem er mit seiner damaligen Freundin versucht, zwei komplett unterschiedliche Lebenskonzepte zu vereinen – und in dem sich das Paar schließlich trennt. Es ist auch das Jahr, in dem er merkt, dass er sich entweder für ein Kind oder für die Schafherde entscheiden muss. Es ist das Jahr, in dem er seine Herde abgeben möchte, sogar einen Interessenten gefunden hat. Doch am Ende kann dieser nicht das nötige Geld für die Beweidungsrechte aufbringen. Was hätte Sven gemacht, wenn er damals seine Herde abgegeben hätte? „Es war mir so latte“, sagt er, „irgendwas.“

Es ist das Jahr, in dem er bei einem Preis für Nachwuchslandwirte als einziger Schäfer im ganzen Jahrgang nominiert wird – und später die Jury anruft und ihr erklärt, warum sie ihn nicht prämieren solle: weil er sich nämlich nicht wie ein ausgezeichneter Landwirt fühlt – sondern wie jemand, der seiner Verantwortung nicht gerecht wird. Es ist auch das Jahr, in dem er – neben seiner regulären Social-Media-Tätigkeit – eine Petition startet. „Schäferei retten!“ heißt die Petition auf change.org, die nach einer Woche 23.000 Unterschriften hat. Am Tag der Übergabe versorgt Sven morgens seine Tiere, lädt dann sein Leitschaf Erika in den Anhänger, um zum Landtag nach Stuttgart zu fahren. Dort übergibt er, zum Entzücken der Pressefotografen, mit Erika an der Leine die Petition an die Agrarstaatssekretärin und fährt direkt wieder nach Hause. Die Reform der Weidetierprämie, die er unter anderem in der Petition forderte, wird von der Bundesregierung später abgelehnt.

2018 ist auch das Jahr, in dem ihm von anderen Schäfern vorgeworfen wird, er hätte zu viel Zeit, wenn er sich auch noch um so einen Kram kümmern würde.

Seit 2018 falle es ihm schwer, „100 Prozent zu geben", sagt Sven. Das stehe im krassen Gegensatz zu den 120 Prozent, mit denen er früher wie selbstverständlich durchs Leben gedüst sei, immer unter Strom. Ein Burn-out in den Wacholderheiden, das klingt vielleicht erst mal absurd. Aber die drei Schlagworte, die sich durch Svens Erzählungen ziehen, sind immer dieselben: Wertschätzung und Verantwortung – und das schlechte Gewissen, das er mit sich herumträgt, entweder der Herde oder aber geliebten Menschen gegenüber, weil er ihnen nicht die Zeit geben kann, die ihnen zusteht. „Man kann mit einer Herde keine festen Termine wie Urlaub planen", sagt Sven. Es ist die Schwierigkeit, einen der ältesten Berufe der Welt mit dem Selbstverwirklichungsgedanken der heutigen Zeit zu vereinbaren. Dabei will Sven de Vries nur das, was für andere Menschen völlig selbstverständlich ist. Mal ein Wochenende, an dem er nicht arbeiten muss. Vielleicht ein bisschen Urlaub. Kinder. Im weitesten Sinne: die Möglichkeit, sein Leben selbst gestalten zu können.

Wenn man sich die vergangenen sieben Jahre anschaut, dann ist vieles, was schnell über Svens Leben greifbar ist, medial dokumentiert. All das, was ein Reporter, ein Kamerateam, ein Fotograf innerhalb von kurzer Zeit – meist innerhalb eines Tages – erfassen kann. Ob nun Lokalzeitung, YouTube-Kanal, überregionale Tageszeitung, öffentlich-rechtlicher Sender, Magazin oder Privatfernsehen: Sie waren alle hier, standen mit ihm auf den Wacholderheiden, fotografierten oder filmten ihn vor seinem Wohnwagen. Die Wirtschaftsredakteurin einer großen Tageszeitung besuchte ihn, weil sie schon immer mal etwas über einen Schäfer schreiben wollte, eine andere Tageszeitung verfasste einen Nachruf auf sein Leitschaf Erika. Reporter sahen zu, wie er seine Schafe durch ein Bad von Zinksulfatlösung trieb, um Moderhinke vorzubeugen. Buchverlage und Agentinnen riefen an, wollten Buchverträge abschließen, Privatsender ihn sogar für Castingshows anheuern: „Alles abgelehnt, keine Zeit."

In vielen Artikeln und Berichten werden dabei oft dieselben Bilder reproduziert. Die Klischees, wie Sven sie nennt. Die Klischees, das sind: „Wanderschäfer, weil selten. Social Media. Hat mal was mit Computern gemacht. Aussteiger." Sven, aufgewachsen in Hannover-Südstadt, brach die Schule ab, arbeitete kurz als Programmierer in einer Agentur, lebte mal in Spanien auf der Straße und arbeitete in einem Hannoveraner Bioladen. Auf einem Milchschafhof in Niedersachsen entdeckte er die Schäferei für sich und ließ sich mit Ende zwanzig in einer Schäferei in Baden-Württemberg zum Schäfer – beziehungsweise, wie es korrekt heißt, zum Tierwirt der Fachrichtung Schäferei – ausbilden. Später übernahm er die Herde, mit der er noch immer herumzieht. Ich frage ihn, was noch nicht über ihn geschrieben worden sei. Sven fixiert mich mit seinen stahlblauen Augen und sagt: „Eine Menge."

Sven hört jeden Tag Podcasts, sie plärren schon morgens zusammen mit dem Geblubber seines Espressokochers aus seinem Wohnwagen. Er hört sie mit seinem Smartphone beim Aufstehen, beim Netzestecken, im Auto. Er versteht, wie die Medienschaffenden arbeiten – und er weiß, wie man mit ihnen umgehen muss. Wenn sie ihn besuchen, setzt er auch mal seinen Hut – seinen „Medienhut" – auf, den er eigentlich nicht gern trägt, weil er am Kopf kratzt. Dann trägt er in stark verkürzter Form sein Anliegen vor, auch mehrmals, wenn es sich beispielsweise um ein Kamerateam handelt, das die Szene aus mehreren Winkeln filmen muss. Manchmal muss er sein

Anliegen zuspitzen, je nach Zielgruppe. Ein Schäfer mit ausgeprägter Medienkompetenz – das wiederum verstehen die alteingesessenen Landwirte und Schäfer nicht. „80 Prozent der Schäfer finden mich scheiße", vermutet Sven. Dabei wolle er nur zeigen, was in seinem Beruf und in der Agrarpolitik falsch laufe: „Es ist ein riesiges System, in dem Änderungen nur im Zehnjahrestakt umgesetzt werden." Und dann, merkt er selbstkritisch an, habe er sich noch angemaßt, sich „Der Wanderschäfer" auf Twitter zu nennen: „Als gäbe es nur einen!"

Sven bewegt sich konstant zwischen zwei Polen: einem hohen Mitteilungsbedürfnis, dem Bedürfnis nach Austausch – und dem Unwohlsein, wenn er dann vor einer Kamera steht, selbst vor der eigenen. „Sobald ich vor der Kamera sitze, bin ich so was von steif und aufgeregt", begrüßt er seine Follower in einem seiner YouTube-Videos. Im Gegensatz zu vielen Influencern, die geradezu nach medialer Aufmerksamkeit streben, kann er sich wiederum nur schwer daran gewöhnen. Eigentlich bräuchte der Medienschäfer mittlerweile eine persönliche Assistenz, die seine Kontaktdatenbank für ihn pflegt und ihm den Rücken freihält. „Es ist nicht so, als ob mir Social Media keinen Spaß mehr macht", sagt Sven in seinem schwäbisch gefärbten Hochdeutsch, „ich mag das immer noch gern, sonst tät ich's nicht machen. Aber nach sieben Jahren macht das Arbeit."

Was Sven nach so vielen Jahren als Internetschäfer schon nachvollziehen kann, ist das große Mitgefühl, das ihm online entgegengebracht wird. Zum Beispiel als sein Leitschaf Erika starb und er die Nachricht mit seiner Community teilte und daraufhin viele Nachrichten erhielt. Vielleicht liegt es daran, dass Sven auf Social Media viele Großstädter folgen, die durch ihn lernen, wie das Leben auf dem Land überhaupt aussehen kann. Vielleicht liegt es auch daran, dass Menschen sich auf Social Media im Allgemeinen gern in das Leben anderer Menschen hineindenken, weil deren Leben auch ein Stückchen zu ihrem eigenen wird. Möglicherweise lässt sich die Faszination aber auch mit einem Moment erklären, der sich in diesen Sommertagen mehrmals abspielt: Ich stehe gerade auf einer Anhöhe, als Sven die Schafe in den Abendpferch treibt. Es dämmert, die Tiere ziehen gemächlich hinter ihm her, vertrauensvoll und leise, manchmal vereinzelnd blökend. Manchmal kommen am Abend Besucher vorbei, Freunde aus den umliegenden Dörfern. Aber immer werden die Anwesenden, die diesen Abendtrieb miterleben, ruhig, wie bei einem Naturschauspiel, das man nur selten miterlebt. Vielleicht ist es auch das: dass uns das Schaf an etwas erinnert, das wir schon seit Urzeiten mit uns herumtragen.

In diesem Sommer ist allerdings der Punkt gekommen, an dem der Medienschäfer hofft, hinter seinem Leitschaf verschwinden zu können, genauer gesagt: hinter dem Label „Paula & Konsorten". Mit dieser Marke wollen Sven de Vries und Max Frankenhauser die Selbstvermarktung von Produkten der kleinen Schäferei betreiben. Unter dem Namen ihres ersten gemeinsamen Leitschafs planen sie die Onlinevermarktung ihrer Produkte. Dafür haben sie einen Newsletter gestartet, mit dem sie hauseigene Wurst und Schinken vom Schaf bewerben. Die Ware kommt per Post zu den Kunden, für einen Hofladen ist keine Zeit. Die Vermarktung von Wollprodukten wie Decken, Bettdecken und Strickgarnen soll folgen.

Bis es so weit ist, und die ersten Produkte online präsentiert und verkauft werden können, müssen allerdings noch viele kleine und große Entscheidungen getroffen werden. Eigentlich ist Svens Kopf immer am Rattern, manchmal treiben einzelne Gedanken an die Oberfläche, zum Beispiel beim Abendbrot im Bauwagen, wenn er bei Brot und Schafwurst über die Art der Gläser nachdenkt, in denen er die Wurst verschicken möchte. Sind sie zu groß? Kann man sie wiederverwenden, ohne dass der Deckel nach Wurst riecht? Welchen Kleber muss man benutzen, damit sich die Etiketten später ablösen lassen? Weiter geht es mit dem Versand: Welche Paketboten werden nach Tarif bezahlt? Welchen Karton sollte man für die Verpackungen verwenden? Und da sind sie wieder, die Verantwortung, die Wertschätzung und das schlechte Gewissen: „Natürlich mach ich mir Gedanken! Ich will es halt richtig machen!“, meint Sven. „Ich möchte irgendwann in meinem Schaukelstuhl sitzen – und mit mir im Reinen sein.“

Leitschaf Paula hat von all dem nicht die geringste Ahnung. Sie ist auch so das Vorzeigeschaf für Besucher, grast in der ersten Reihe und lässt sich streicheln, wenn die dreijährige Emma am Sonntagnachmittag mit ihren Großeltern vorbeikommt. Sie klaut ihrem Schäfer Max in einem unbeobachteten Moment Kekse und schaut Sven traurig hinterher, wenn er sie mit der Herde im Mittagspferch zurücklässt. Paula ist ein Jahr alt, ein Schaf mit einer herzzerreißenden Biografie, die Sven im ersten Flyer von „Paula & Konsorten“ nicht ohne Pathos erzählt: ein Flaschenlamm mit einer Sehnenverkürzung, das sich dennoch zu einem starken Tier entwickelte. „Eine echte Kämpferin“, beschreibt sie Sven. Er hofft, mit seinem Leitschaf das Narrativ der kleinen Schäferei vom Twitter-Schäfer wegzuholen: „Ich hoffe, dass die Leute dann Paula abfeiern – und nicht mehr mich.“

Die Wacholderheiden auf der Schwäbischen Alb bieten Lebensraum für zahlreiche Arten.

Bienen-Ragwurz ist eine seltene Orchideenart.

Hilfe für Kreuzblümchen und Bienen-Ragwurz

Im Lengericher Steinbruch pflegen 500 Bentheimer Landschafe den Kalkmagerrasen. Ohne ihre Hilfe könnten viele seltene Pflanzenarten dort nicht gedeihen.

Das Kreuzblümchen ist eine zarte Schönheit. Es wird bis zu 25 Zentimenter hoch und hat länglich geformte Blätter sowie etwa sechs Millimeter lange, blau bis rot gefärbte Blüten, die anmutig ihre Köpfe nach oben recken. In Norddeutschland ist das Kreuzblümchen nur selten zu finden, da es trockene, sonnige Standorte mit nährstoffarmem Boden bevorzugt. Im Teutoburger Wald bei Lengerich allerdings können aufmerksame Spaziergänger der grazilen Pflanze begegnen, denn der Kalkmagerrasen dort bietet ideale Wachstumsbedingungen. Allerdings benötigt das Kreuzblümchen dafür Hilfe.

„Diese Parzelle ist stark verbuscht", stellt Denise Rupprecht fest. Sie untersucht einen von 30 sogenannten Dauerplots (jeweils drei mal drei Meter groß), die im Rahmen einer Langzeitstudie der Uni Münster auf den Flächen eines ehemaligen Steinbruchs bei Lengerich eingerichtet wurden. Die Parzelle gehört zu denen, die komplett mit einem Bauzaun umrandet und somit von der Beweidung ausgeschlossen sind. Im Laufe der vergangenen acht Jahre hat sich an dieser Stelle eine Art „Vorwald" entwickelt, mit Gehölzen, die zum Teil 1,50 Meter und höher sind. Das Kreuzblümchen sieht hier keine Sonne mehr und ist deshalb verschwunden. An seiner Stelle gibt es nun Schlehen-, Hartriegel und Weißdornsträucher sowie Waldrebe.

Anders sieht es ein paar Meter weiter aus. Auf der nicht eingezäunten Parzelle findet Denise Rupprecht eine Vielzahl an seltenen Pflanzenarten wie Thymian, Tausendgüldenkraut, Augentrost oder seltene Orchideen wie die Pyramiden- oder die Bienen-Ragwurz – und eben das Kreuzblümchen. Über 40 verschiedene Arten von Gefäßpflanzen kann sie in ihr Notizbuch eintragen. Diese Pflanzen sind Spezialisten, hervorragend angepasst an die kargen Bedingungen des Kalkmagerrasens, der nur wenige Nährstoffe bietet und sehr trocken ist. Allerdings sind diese Gewächse oft kleiner und weniger konkurrenzstark als andere Pflanzenarten und können deshalb leicht verdrängt werden. Doch hier finden sie ideale Wachstumsbedingungen. Der Bewuchs ist an kaum einer Stelle höher als 30 Zentimeter, rund fünf Prozent der Fläche sind komplett unbedeckt. „Offenstellen" nennt die Landschaftsökologin das und weist darauf hin, dass die seltenen Pflanzen diese Stellen zum Keimen dringend benötigen.

Für den niedrigen Bewuchs verantwortlich sind 500 Bentheimer Landschafe. Sie ziehen ein- bis zweimal pro Jahr für ein paar Tage über den Kalkmagerrasen und pflegen ihn durch ihren Verbiss. Dank ihrer Hilfe bleiben die Flächen offen. In den Mäulern der Schafe verschwinden jede Menge Gras, aber auch Gehölzschösslinge oder andere hochwachsende Pflanzen, die sich breitmachen würden. Man könnte sagen, dass sie die Konkurrenz für Kreuzblümchen und Co aus dem Weg räumen und damit entscheidend zum Artenreichtum beitragen.

Auch das Damwild, das in diesem Teil des Teutoburger Waldes reichlich vorhanden ist, verbeißt viele Pflanzen. Allerdings grasen die Wildtiere anders als Schafe. Das kann Denise Rupprecht auf den Parzellen sehen, auf denen nur Damwild, aber keine Schafe weiden dürfen. Sie sind zwar nicht verholzt, aber dafür findet sich viel Streu auf dem Boden. „Die Fläche verfilzt, das heißt, es bildet sich ein Teppich aus Gras und totem Pflanzenmaterial", merkt die Landschaftsökologin an. Unter diesem Teppich bekommen die spezialisierten Pflanzen nicht genug Licht und verschwinden.

Von der Pflanzenvielfalt auf den Kalkmagerrasen profitiert auch die Tierwelt. „Seit den 1970er-Jahren hat sich das Artenspektrum auf den Kalkmagerrasen in dieser Gegend kaum verändert. Die Vielfalt an Faltern beziehungsweise Schmetterlingen ist zum Beispiel noch genauso groß wie vor 50 Jahren", stellt Markus Hehmann fest. Er ist Naturschutzbeauftragter bei der Werksgruppe Nord der Dyckerhoff GmbH und behält genau im Blick, wie sich die Pflanzen- und Tierwelt in den Steinbrüchen bei Lengerich entwickelt. Kalkabgrabung ist ein massiver

Eingriff in die Natur und verändert die Landschaft erheblich. Umso wichtiger ist es für die beteiligten Firmen – nicht zuletzt aufgrund strenger gesetzlicher Auflagen – die Flächen nach erfolgter Nutzung wieder zu renaturieren.

Rund um Lengerich kooperiert die Kalkindustrie seit Langem mit den Naturschützern. Die Arbeitsgemeinschaft für Naturschutz Tecklenburger Land (ANTL) und die kalkabgrabenden Firmen vor Ort haben bereits in den 1990er-Jahren die Interessengemeinschaft Teutoburger Wald e. V. (Ig Teuto) gegründet. Eine der drängendsten Aufgaben des Vereins war von Anfang an die Pflege der Kalkmagerrasen mit ihrem großen Artenreichtum. Mit dem unermüdlichen Einsatz ehrenamtlicher Helfer von der ANTL wurde dies zunächst in Handarbeit erledigt. Doch auf Dauer würde das nicht reichen, erkannten die Verantwortlichen schnell, vor allem in den steilen Hanglagen war die manuelle Pflege sehr aufwendig. Eine andere Lösung musste her – und fand sich direkt vor der Haustür.

Damals hatte die ANTL eine kleine Schafherde, die das Gras auf den Streuobstwiesen rund um Tecklenburg kurz hielt. 2001 stockte die Ig Teuto diese Herde von 50 auf 500 Tiere auf und die ANTL stellte einen hauptberuflichen Schäfer ein. Den Sommer über zieht dieser seitdem mit der Herde von Brochterbeck aus durch den Teutoburger Wald bis nach Lienen. Auf ihrem Weg passieren die Tiere Extensivweiden, Streuobstwiesen, Steinbrüche und den wertvollen Kalkmagerrasen. „In trockenen Jahren beweiden die Schafe die Kalkmagerrasenflächen einmal, in feuchten Jahren zweimal", sagt Markus Hehmann. „Wenn die Schafe auf den Flächen waren, ist erst einmal alles so gut wie kahl gefressen", stellt Denise Rupprecht fest. Das ist gut, denn jetzt schlägt die Stunde der Spezialisten. Ohne störende Büsche und Gehölze bekommen Kreuzblümchen, Thymian und ihre Kollegen reichlich Sonne und beginnen, fleißig zu wachsen.

Ist die Sommersaison zu Ende und die Arbeit im Teutoburger Wald erledigt, weiden die Schafe in Absprache mit den Bauern der Umgebung landwirtschaftliche Flächen nach. Zur Lammzeit im Januar und Februar werden die Tiere dann aufgestallt, damit die Lämmer optimal versorgt werden können, bevor es im Frühjahr wieder zum Wandern in den Teutoburger Wald geht.

Landschaftsökologin Denise Rupprecht.

Bei den Menschen in der Region kommt diese Form der Landschaftspflege gut an. Sie haben sich an den Anblick der Schafe gewöhnt, die man immer wieder mal auf einer Fläche neben der Straße grasen sieht. Wanderer freuen sich, den Tieren auf ihrem

Weg durch den Teutoburger Wald zu begegnen. Regelmäßig finden öffentliche Exkursionen zur Herde statt, bei denen manchmal auch Denise Rupprecht und ihre Kollegen vor Ort sind und etwas über ihr Projekt berichten. Auch Kindergartengruppen und Schulklassen besuchen die vierbeinigen Landschaftspfleger und lassen sich etwas über ihre besondere Aufgabe erzählen.

Einen großen Beitrag zum positiven Image der Herde leistet der Schaftag in Lengerich-Wechte, der jedes zweite Jahr unter anderem von der Ig Teuto organisiert wird. Wenn Anfang September die Schafe in Begleitung vom Schäfer und seinen Hunden durch die kleine Bauerschaft am Rande des Teutoburger Waldes ziehen, säumen zahlreiche Zuschauer die Straßen. Dazu werden Spezialitäten vom Lamm angeboten, Spinnen, Weben und andere Aktionen. Die Interessengemeinschaft nutzt die Gelegenheit, um über ihre Projekte, den Naturschutz und natürlich über die Besonderheiten der Schafherde zu informieren.

Dabei ist auch zu erfahren, was vielen Menschen gar nicht mehr bewusst ist: „Früher waren im Teutoburger Wald viele Flächen offen“, sagt Markus Hehmann. Der Wald war in kleine Parzellen unterteilt, auf die Selbstversorger und Bauern ihre Tiere – oft waren es Schafe oder Ziegen – zum Weiden trieben. Doch Ende des 19. Jahrhunderts wurde die Beweidung unwirtschaftlich und man begann, etliche Wiesen aufzuforsten. Dieser Trend verstärkte sich noch einmal nach dem Zweiten Weltkrieg. „Man brauchte schnell Holz und pflanzte deshalb Fichten“, merkt der Naturschutzbeauftragte an. Andere Niederwaldflächen wurden schlicht und ergreifend nicht mehr gepflegt und wuchsen deshalb zu. Die im 19. Jahrhundert noch weit verbreiteten Magerrasen mit ihrer wertvollen Flora verschwanden nach und nach.

Erst die Abgrabungen der Kalkindustrie sorgten dafür, dass sich der Kalkmagerrasen wieder entwickeln konnte. In den aufgelassenen Steinbrüchen ist

Dort, wo die Einzäunung eine Beweidung verhindert, machen sich Büsche und Gehölze breit.

der Untergrund sehr trocken, mager und kalkreich, außerdem heizt sich der Boden schnell auf. Rund um Lengerich zeigte sich deshalb ein ähnliches Bild, wie in vielen anderen alten Steinbrüchen: „Stillgelegte, renaturierte Steinbrüche geben seltenen und fast ausgestorbenen Pflanzen und Tieren wieder neuen Lebensraum“, sagt Markus Hehmann. Allerdings nur, wenn sie entsprechend gepflegt werden – und dabei helfen im Teutoburger Wald die Schafe.

Der Steinbruch bei Lengerich.

Hier grasen Wildtiere, aber keine Schafe. Die Fläche verfilzt, unter dem „Teppich" verschwinden seltene Pflanzen, die viel Licht benötigen.

Zucht

Fellstudie

Haarige Angelegenheit in sechs Akten

Rauwolliges Pommersches Landschaf

Das Rauwollige Pommersche Landschaf gehört zu den sehr alten Haustierrassen – wie alt aber genau, das stellte sich erst heraus, als ein 3600 Jahre alter Handschuh vor der Ostseeinsel Rügen gefunden wurde, dessen Wolle große Ähnlichkeiten mit der des Pommerschen Landschafs aufwies. Dort, auf Rügen und den umgebenden Ostseeinseln, wurden die „Rauwoller" traditionell von Fischern gehalten, sie waren aber ursprünglich im ganzen Ostseeraum verbreitet. Da ihre Besitzer in einfachen Verhältnissen lebten und kein Land besaßen, hielten sich die Tiere meist das ganze Jahr im Freien auf. Das Rauwollige Pommersche Landschaf ist dementsprechend wetterunempfindlich und in Bezug auf seine Ernährung überaus genügsam: Mitunter waren die Gegebenheiten so dürftig, dass sich die Tiere von Schilf oder am Strand angespülten Tang ernährten. Sie lieferten Fleisch und „grauwollige" Vliese, die sich besonders gut für wetterfeste Fischerpullover eigneten.

Trotzdem litt die Zucht des „Allrounder-Schafs" nach 1945 unter erschwerten Bedingungen, verursacht durch die DDR-Regierung. Statt den Rauwollern sollten Merinoschafe gezüchtet werden, weil diese mehr Fleisch- und Wollertrag brachten. Die Pommernschafe gerieten in Vergessenheit, 1962 wurde das Herdbuch der Rasse ganz geschlossen. Erst 1982, nach Unterzeichnung der Helsinki-Konvention zum Artenschutz durch die DDR-Regierung und mit zunehmendem Interesse von Züchtern aus dem Westen, erlebten die Rauwoller ihre Renaissance. Den Aufbau der Zucht begannen Mecklenburger Züchter mit einer Stammherde von sieben Böcken und 46 Mutterschafen. Heute halten wieder Züchter in ganz Deutschland die Rasse.

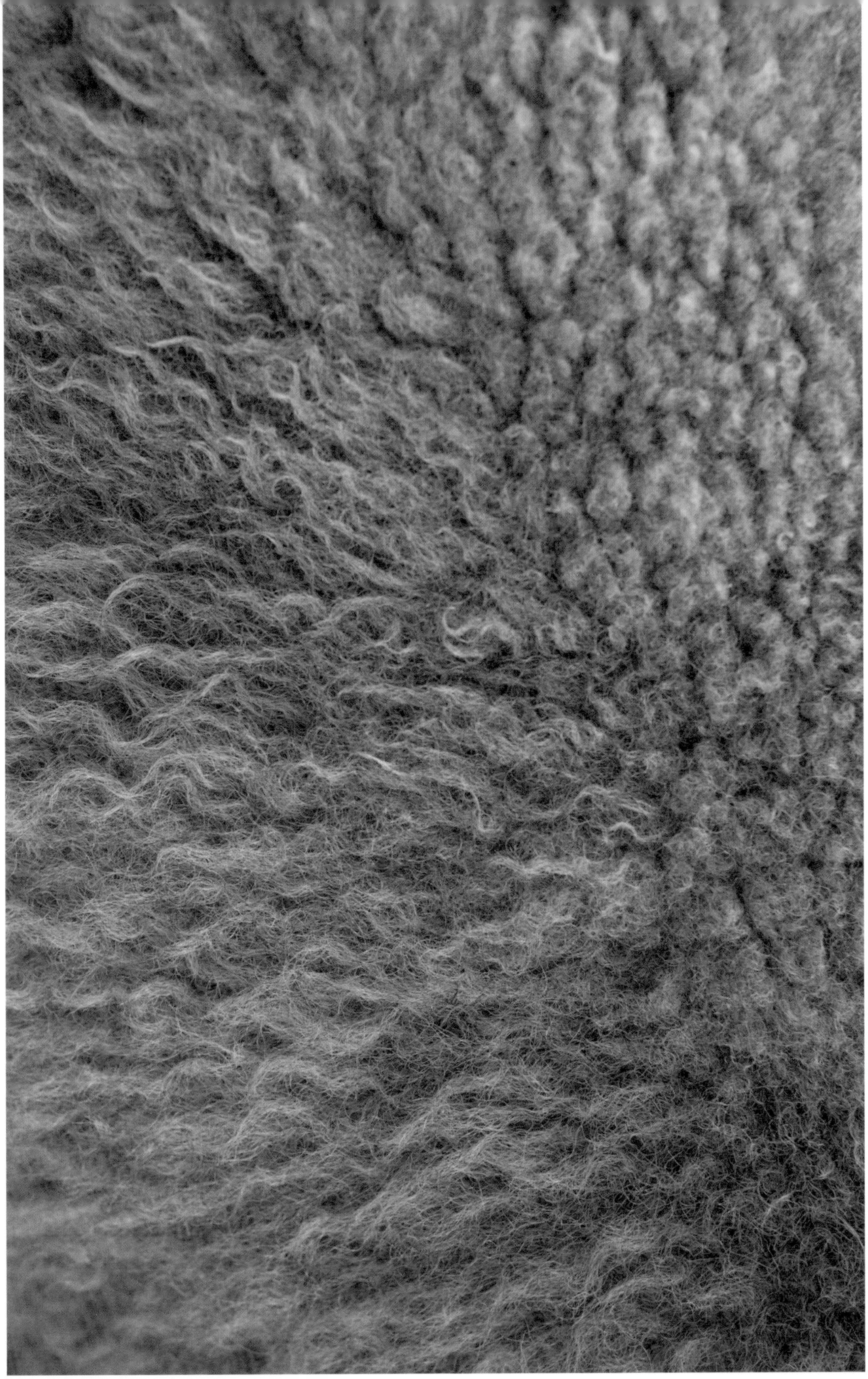

Coburger Fuchsschaf

Ein Tuchfabrikant namens Otto Stritzel war die Rettung des Coburger Fuchsschafs. Vor dem Zweiten Weltkrieg drohte das Landschaf beinahe auszusterben – zu groß war die Konkurrenz durch andere, auf mehr Fleischleistung gezüchtete Schafrassen. Dabei waren noch zu Beginn des 20. Jahrhunderts in der Provinz Coburg die meisten der dort gezüchteten Schafe „Füchse" gewesen. Ihren Namen verdanken sie dem rötlichen Schimmer ihrer Wolle. Die Lämmer kommen mit einem rotbraunen Vlies zur Welt, das sich allerdings innerhalb eines Jahres aufhellt.

1943 begann Otto Stritzel im Fichtelgebirge mit der Zucht von 30 Coburger Fuchsschafen. Er wollte die Wolle der Schafe zur Herstellung eines Tweedstoffs nach englischem Vorbild verwenden. Aufgrund der allgemeinen Wollknappheit hatte er 1938 selbst mit der Schafhaltung begonnen. Auf der Suche nach einer einheimischen, robusten Rasse mit grober Wolle war er durch Bauern in seiner Gegend auf die „Goldfüchse" aufmerksam geworden. Also suchte er in den deutschen Mittelgebirgen nach den schönsten Tieren, die noch Merkmale der alten Rasse zeigten. Allein durch das Engagement Stritzels konnte das Coburger Fuchsschaf 1966 wieder offiziell als Landschafrasse anerkannt werden.

Heute ist es nicht nur im Süden, sondern auch im Norden Deutschlands bei Züchtern populär. Es wird als anspruchslos und widerstandsfähig beschrieben. Kein Wunder, war es doch ursprünglich im kargen Gebirge zu Hause. Das Hauptziel von Stritzels Zucht war allerdings immer die ungewöhnliche Wolle, denn das beige Vlies der erwachsenen Tiere ist mit feinen, dunklen Haaren durchzogen und in dieser Hinsicht unverwechselbar.

Geschecktes Bergschaf

Heutzutage müssen die Vliese von braunen Schafen in vielen Fällen teuer entsorgt werden, denn Großhändler kaufen meist nur die Wolle der hellen Tiere an, weil diese sich besser färben lässt. Fast unvorstellbar also, dass Händler für die Felle und Wolle der Braunen Bergschafe noch in den Siebzigerjahren doppelt so viel bezahlten als für die der hellen Tiere. Bergschafe wurden vor dem Zweiten Weltkrieg hauptsächlich in Österreich gehalten. 1934 importierte Herzog Ludwig Wilhelm, Neffe der Kaiserin Sissi, einige Bergschafe aus Tirol nach Bayern und begann eine Zucht brauner Tiere. Prompt forderte er von seinen eigenen Jägern, ihre Dienstkleidung fortan aus braunen Wollstoffen fertigen zu lassen.
Das Braune Bergschaf stammt vom Weißen Bergschaf ab. Bereits bei seinem Vorgänger, dem Bergamasker, kamen braune und schwarze Tiere vor. Die braune Wolle der Tiere wurde für hausgemachte Strickwaren benutzt, außerdem konnten die Schäfer anhand ein paar bunter Tiere in einer großen Herde einfacher kontrollieren, ob Teile der Herde fehlten. Im Jahr 1939 entschloss man sich, alle Typen des Bergschafs zusammenzulegen. Die Rasse sollte in Zukunft „Deutsches Bergschaf" genannt werden. Bei der Zucht der braunen und weißen Bergschafe kamen aber schon immer sogenannte „Schecken" vor. Diese auffällig gemusterten Sonderlinge wurden für gewöhnlich von der Zucht ausgeschlossen. Seit Mitte der Siebzigerjahre werden die Gescheckten Bergschafe jedoch wieder gezielt gezüchtet und sind seit 1990 auch als offizielle Schafrasse in Niedersachsen anerkannt. Die einmalige Farbpalette der Gescheckten Bergschafe reicht von Graublau über Cognacbraun bis Schwarz.

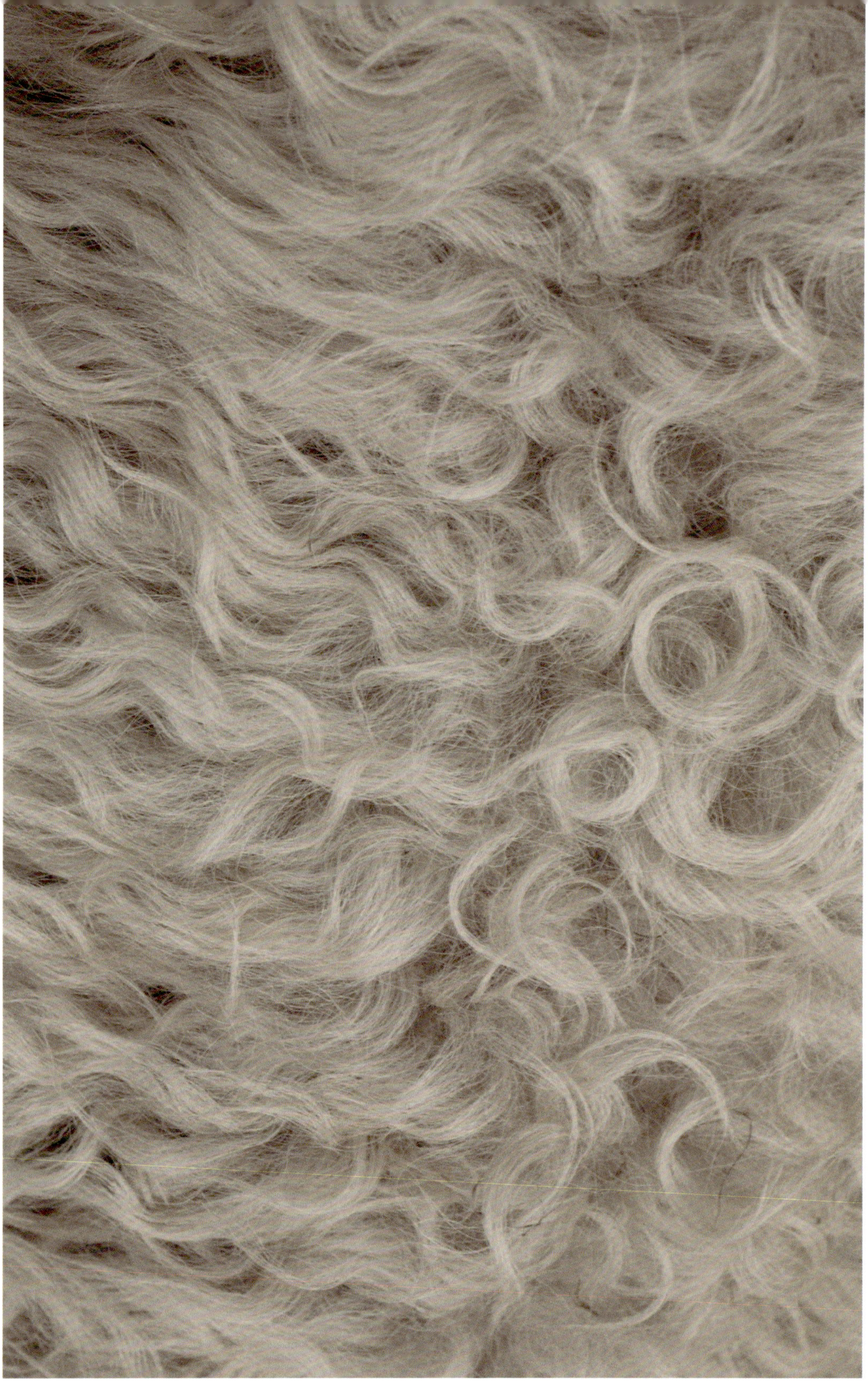

Weiße Hornlose Heidschnucke

Neben ihrer Schwester, der Grauen Gehörnten Heidschnucke – traditionell für die Heide zuständig –, ist die Weiße Hornlose Heidschnucke zwar längst nicht so bekannt, aber trotzdem so etwas wie das andere Vorzeigeschaf Niedersachsens. Seit Jahrhunderten wird das weiß gelockte Landschaf in den Mooren und Feuchtgebieten Norddeutschlands gehalten, wo es mit Vorliebe kleine Birken, Heidekraut und Moorgräser verbeißt. Das auch als „Moorschnucke" bekannte Schaf hat sich den besonderen Verhältnissen der feuchten Moorlandschaft gut angepasst und ist sogar noch anspruchsloser als andere Heidschnucken. Doch nicht nur das Fressverhalten der Weißen Gehörnten Heidschnucke passt perfekt zu den kargen Verhältnissen des Moors, sie schreitet auch furchtlos durch knietiefes Wasser und schafft es sogar, sich eigenständig aus Moorlöchern zu befreien. Selbst der hartnäckigste Dauerregen kann der kleinen Schnucke wenig anhaben: Das äußere Vlies besteht aus grobem Oberhaar, welches das Wasser gut vom Körper fernhält, das innere Vlies aus weichem, feinem Unterhaar.

Die Tiere sind seit Jahrhunderten in der Diepholzer Moorniederung heimisch, dort werden ihre Produkte auch erfolgreich vermarket. Zu den ursprünglichen Verbreitungsgebieten gehörten aber auch die Landkreise Nienburg und Rotenburg. Moorschnucken zählen heute zu den gefährdeten Haustierrassen. Sowohl die zunehmende Zucht von Fleischschafrassen als auch die zurückgehende Beweidung der Moore trugen dazu bei, dass die Rasse fast gänzlich verschwand. Dank des Engagements von Naturschützern und Züchtern konnte der Bestand wieder auf rund 3000 Tiere wachsen.

Merinolandschaf

Das Merinoschaf ist heute die bekannteste Schafrasse der Welt. Wir verbinden diese Rasse oft mit riesigen Herden in Neuseeland oder Australien. Umso erstaunlicher scheint, dass das Merinoschaf eigentlich aus Spanien stammt – und seine Ausfuhr bis Mitte des 18. Jahrhunderts streng verboten war. Die Schafe mit der feinen Wolle waren so begehrt, dass sich sogar ein Schmugglermarkt in den Pyrenäen etablierte. Dennoch erreichten 1765 230 Tiere Sachsen – nach einer langen Reise auf dem See- und Landweg. Das war allein dem spanischen König Karl III. zu verdanken, der zuvor die sächsische Prinzessin Maria Amalia geehelicht hatte. Aus der Kreuzung mit sächsischen Landschafen entstand schließlich das Merinofleischschaf.

Noch abenteuerlicher aber scheint die Geschichte des heutigen Merinolandschafs, das aus Kreuzungen von spanischen Merinoschafen mit Württemberger Landschafen entstand. Denn der spanische Grundstock erreichte nur mithilfe von größtem diplomatischem Geschick und viel Geduld Württemberg: 1785 sandte Karl Eugen, Herzog von Württemberg, zwei seiner Schäfer nach Frankreich, um sich dort in einer Schäferschule in örtlicher Schafkunde ausbilden zu lassen. Später folgten ihnen den Kammerrat Jacob Friedrich Wider mit seinem Oberscribenten Stängel; die vier Männer sollten auf Geheiß des Herzogs in Spanien und Südfrankreich Feinwollmerinoschafe erwerben. Nach sieben Monaten erreichten der Oberscribent und die zwei Schäfer mit 104 Tieren zu Fuß das schwäbische Münsingen. Bis heute wird das Merinolandschaf daher auch Württemberger genannt. Es ist mittlerweile das am häufigsten gezüchtete Nutzschaf in Deutschland.

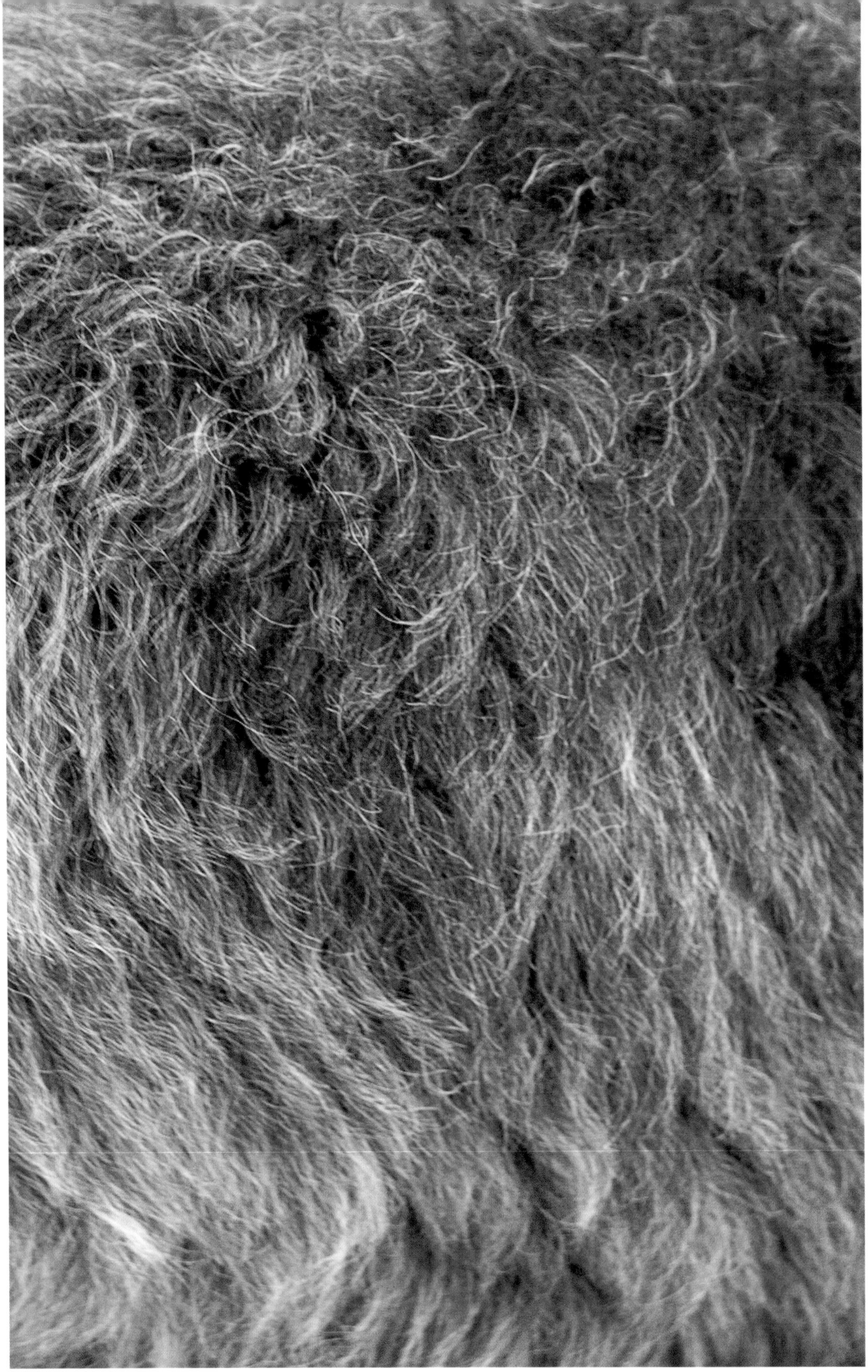

Skudde

Wer hätte gedacht, dass ausgerechnet ein Zoo die Rettung der Skudde sein würde? Denn die kleinste aller deutschen Schafrassen bewegte sich, Jahrzehnte – wenn nicht Jahrhunderte – unter dem Radar der Fachliteratur. Dadurch, dass sie meist in schlechten Verhältnissen auf ärmlichen Betrieben gehalten wurde, wurde diese alte Schafrasse lange nicht dokumentiert. Dabei reichen ihre Ursprünge mindestens bis ins Mittelalter zurück, wahrscheinlich sogar länger: Denn obwohl der Titel „Wikingerschaf", der der Rasse nachgesagt wird, heute nicht mehr überprüft werden kann, ist es doch auffällig, dass skudenähnliche Schafrassen vor allem auf Island, den Färöern und dem Baltikum gehalten wurden.

Genauso ungeklärt ist die Herkunft ihres Namens: Er könnte sowohl auf einen litauischen Lockruf zurückgehen als auch auf das litauische Wort „skuodimas" oder „skuosti" für „schnell rennen". Die erste namentliche Erwähnung der Skudden findet sich 1884. Dort werden sie als wilde, aggressive und unbändige Tiere beschrieben. Genauso unbändig ist ihr Aussehen: Die Wolle konnte weiß, braun, schwarz oder blaugrau sein, teilweise hatten die Böcke bis zu sechs Hörner. Die Rasse war bis zu Beginn des 20. Jahrhunderts vor allem in Ostpreußen verbreitet und wurde deshalb auch Masurenschaf genannt. Nach dem Zweiten Weltkrieg gab es hierzulande nur noch wenige Skudden. Die heutige Zucht in Deutschland geht wahrscheinlich auf den Münchner Tierpark Hellabrunn zurück, der seit 1941 Skudden hielt. Mittlerweile sind die kleinen Schafe heute wieder als lebendige Landschaftspfleger beliebt – auf der Roten Liste der gefährdeten Haustierrassen stehen sie aber immer noch.

Hier wird der Genpool neu gemischt

Annäherung an eine ganz spezielle Spezies

Wer Schafe züchtet, kann sich zu jeder Jahreszeit auf besondere Erlebnisse freuen. Im Herbst werden die Mutterschafe gedeckt und sind danach circa fünf Monate trächtig. Im Winter ist Lammzeit, im Frühjahr geht es auf die Weide und die Schafschur steht an. Im Sommer finden dann überall in Deutschland die sogenannten Körungen statt. Diese Zuchtschauen bieten Züchtern die Gelegenheit, ihre besten Tiere vorzustellen und sich den Erfolg ihrer Zuchtarbeit von Richtern bestätigen zu lassen. Auf dem Niedersächsischen Landschaftag etwa treffen Züchter der Weißen Gehörnten Heidschnucke auf Züchter des Coburger Fuchsschafs und der Weißen Hornlosen Heidschnucke und lassen ihre Tiere von Juroren auf Fell, Körperbau und andere Eigenschaften untersuchen. Darauf folgt eine Versteigerung, bei der sie ein neues Tier für die eigene Zucht gewinnen können – am liebsten eines, mit dem sich schöne, rassetypische Merkmale verstärken lassen. Die eigenen Böcke werden abgegeben, um Inzucht zu vermeiden. Wer zu diesen Veranstaltungen erscheint? Meist Hobbyzüchter, ohne deren Begeisterung viele der seltenen Schafrassen schon lange ausgestorben wären.

58
56

41

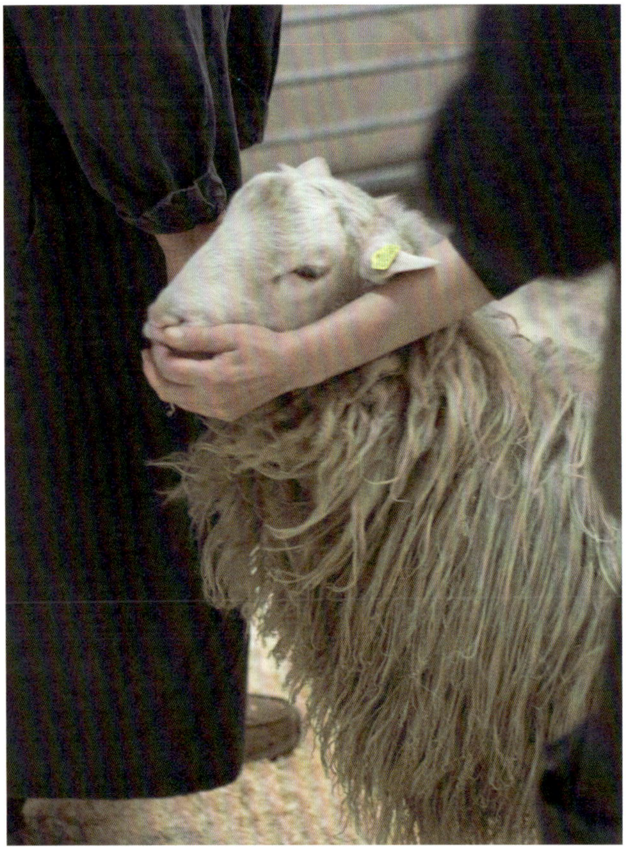

14
13
17
18

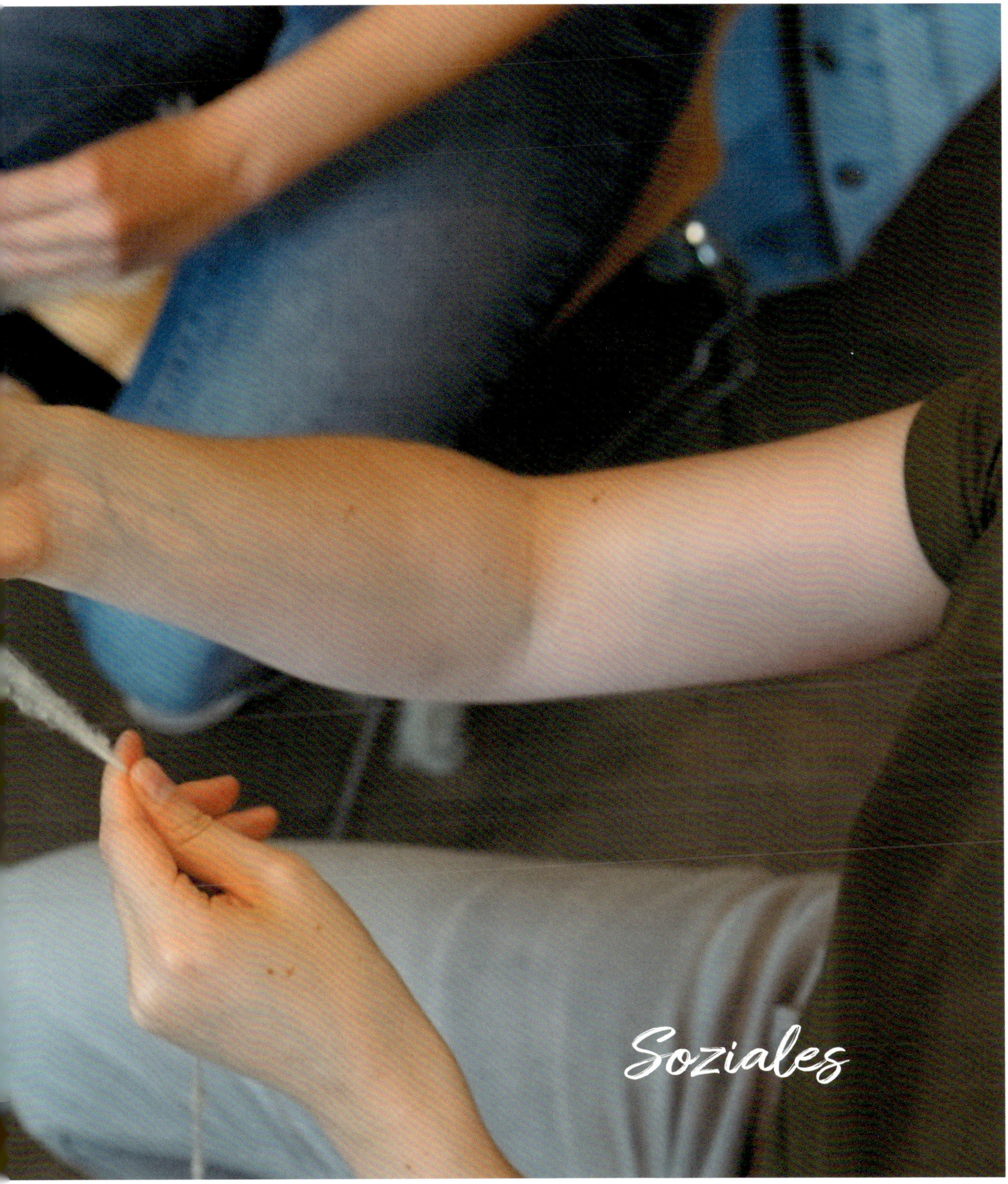
Soziales

Wo es still werden darf

Zur Ruhe kommen, Durchatmen, Kraft schöpfen – es sind Kostbarkeiten in einer hektischen, lauten und bunten Welt, die Nic Koray auf ihrem Begegnungshof HerzBerg Herdecke anbietet. Inmitten einer Schafherde und im Herzen der Natur können Besucher auftanken.

„Die Schafe holen einen ins Jetzt, einfach durch ihr Schaf-Sein, durch ihre Ruhe und Bodenständigkeit", sagt Nic Koray. Sie kommt gerade von einem Spaziergang mit ihren beiden Hunden und hat dabei die Tränken auf der Schafweide kontrolliert. Wenn sie von ihren Schafen erzählt, kommt die Pädagogin und Künstlerin ins Schwärmen: „Sie wirken unglaublich beruhigend auf Menschen. Wenn man sich auf die Weide setzt und die Schafe kommen, sie einen in die Mitte nehmen und förmlich mit ihrer Weichheit einhüllen, dann hat das eine magische Wirkung." Ja, sie zaubern, ihre vierbeinigen Mitarbeiter, davon ist Nic Koray überzeugt. Sie lassen hektische Menschen ruhiger werden, locken schüchterne Kinder aus ihrem Schneckenhaus und bringen ungeduldige Zeitgenossen dazu, sich hinzusetzen und zu warten, bis die Schafe von sich aus auf sie zukommen.

Loslassen, sich auf den Moment einlassen, ohne etwas zu wollen, einfach nur da sein – das sind Dinge, die viele im Alltag gar nicht mehr kennen, obwohl das Bedürfnis danach groß ist. Nic Koray möchte den Menschen diese Erfahrung zurückgeben. Dafür hat sie einen Begegnungshof aufgebaut, in Herdecke, einer Kleinstadt zwischen Hagen und Witten, im Ennepe-Ruhr-Kreis. Neben 15 Mutterschafen

leben auf dem HerzBerg, wie sie den Hof genannt hat, Hühner, Meerschweinchen, Kaninchen, eine Katze und Hunde. Seit zwei Jahren bietet die ehemalige Lehrerin, die auch als Musikerin, Illustratorin und Autorin tätig ist, dort tiergestützte Pädagogik an, für Schulklassen, Kindergartengruppen, Familien und Einzelpersonen. Im Umgang mit den Tieren geht es dabei unter anderem um Förderung der sozialen Kompetenzen, Stärkung des Charakters, Reduzierung von Ängsten oder Aufbau eines gesunden Selbstwertgefühls. Kinder und Erwachsene erleben die Tiere in der Natur, lernen etwas über die Eigenheiten der Schafe und arbeiten mit ihrer Wolle. Ganz nebenbei kommen sie zur Ruhe. „Die Kostbarkeit der Schafe ist, dass es still werden kann", nennt Nic Koray das.

Bevor sie sich mit dem Begegnungshof selbstständig machte, arbeitete Nic Koray an einer Waldorfschule. Als dort ein Projekt mit Schulschafen gestartet wurde, war es um die Endvierzigerin geschehen. „Ich war fasziniert von den Tieren und ihrer Wirkung auf die Schüler. Die Schafe erreichten die Kinder auf eine ganz andere Weise, als ein Mensch es kann", erinnert sie sich. Kinder, die im Klassenraum unruhig waren und sich schlecht konzentrieren konnten, hörten ruhig und aufmerksam zu, wenn sie den Unterricht draußen bei den Schafen abhielt. Das Interesse an Natur- und Umweltthemen wurde durch die Anwesenheit der Schafe deutlich gesteigert und der „lebendige" Unterricht sorgte dafür, dass die Kinder Inhalte viel besser aufnahmen, als es beim theoretischen Lernen im Klassenzimmer der Fall war. Nic Koray schaute dem Schäfer, der das Projekt begleitete, über die Schulter und kam immer mehr zur Überzeugung: „Hier habe ich meine Berufung gefunden."

Sie stellte ein Konzept für einen Begegnungshof auf. Nicht nur Kinder, sondern auch Erwachsene sollten von der besonderen Gabe der Schafe profitieren. Es sollte Angebote für alle Altersstufen geben, vor Ort und mobil. Das heißt, dass Nic Koray auf Wunsch

auch mit den Tieren in Schulen, Seniorenheime oder andere Einrichtungen kommt und dort Fördermaßnahmen durchführt oder Angebote mit dem Schwerpunkt Umweltpädagogik und nachhaltige Bildung. Überwiegend aber arbeitet sie mit Klienten auf dem Hof beziehungsweise auf den Weiden – dort, wo die Schafe sich gerade aufhalten. Unterstände, Sitzmöglichkeiten und Feuerstellen sorgen dafür, dass man es sich bei den Tieren auch gemütlich machen kann. Der Hof ist von der Stiftung „Bündnis Mensch und Tier" zertifiziert. Diese hat ein Netzwerk von Begegnungshöfen aufgebaut, die Besuchern eine achtsame Begegnung mit Tieren ermöglichen, fernab von Zoos und Streichelgehegen. Pädagogische und therapeutische Angebote stehen im Mittelpunkt. Vorwiegend sollen Nutztiere zum Einsatz kommen, neben Schafen beispielsweise auch Hühner. Die Tiere sind allerdings aus der landwirtschaftlichen Nutzung weitestgehend ausgenommen, was im Falle des HerzBergs bedeutet, dass keins der Schafe oder Hühner geschlachtet wird, auch nicht die Bocklämmer, die hier geboren werden. „In unserer Arbeit geht es um die Begegnung mit den Tieren, wir sehen den Schafen dabei in die Augen und betrachten sie als Partner. Da passt es nicht, wenn man sie nachher als Wurst auf dem Teller wiederfindet", stellt Nic Koray fest. Sie ist dankbar, dass sie die Bocklämmer zu ihrer Kollegin geben kann, wo sie in einer Bockgruppe zur Landschaftspflege eingesetzt werden. Die Mutterlämmer behält sie, um die Herde weiter aufzubauen. Mittelfristig kann sie sich vorstellen, Lämmer abzugeben, findet das sogar gut und sinnvoll. „Wir betreiben eine kleine Erhaltungszucht und halten vom Aussterben bedrohte beziehungsweise gefährdete Rassen und wollen gerne zu deren Verbreitung beitragen." Aber eins ist für sie klar: „Abgabe nur in liebevolle Hände und garantiert schlachtfrei."

Bei der Rassewahl standen die Coburger Fuchsschafe von Anfang an ganz oben auf der Liste. Mit ihnen hatte Nic Koray bereits an der Schule gearbeitet. Sie war von ihrem zutraulichen Charakter und ihrem hübschen Aussehen mit dem hellen Fell und den fuchsfarbenen Beinen und Kopf überzeugt. Jenna und Jade mit ihren Töchtern Josefine und Jorinde bilden deshalb den Kern der HerzBerg-Herde. Zu den Merino-Mixen Ronja, Motte und Birka kam sie durch den Wunsch, auch Schafen in Not zu helfen: „Das waren Flaschenlämmer von einem großen Schäfer, die zum Schlachter sollten." Die Aufzucht von Hand hatte die Tiere sehr zutraulich werden lassen, was sie für die tiergestützte Pädagogik besonders geeignet machte. „Und die Merinowolle ist einfach wahnsinnig schön, perfekt für die Arbeit mit Schulklassen." Inzwischen ist mit Bryanna, der Tochter von Birka, ein weiteres Merinoschaf dazugekommen. Als vorerst letzte Rasse hielten die Krainer Steinschafe Einzug auf dem Begegnungshof. Mari, Sally, Smilla, Marla und Muriel sowie Lamm Mia Mocca und Bocklamm Silas liegen Nic Koray besonders am Herzen. Sie sind eine perfekte Ergänzung für die Herde und fügen sich mit ihrer zutraulichen Art, ihrer Leichtfüßigkeit und ihrem gefleckten, vielfarbigen Fell bestens ein.

Bevor sie den „mobilen" Begegnungshof gründete, bildete sich Nic Koray in der tiergestützten Intervention weiter und überlegte, wie sie Gruppenangebote und Einzelförderungen gestalten könnte. Die spannende Frage dabei war, ob sich genügend Klienten fänden, die mit den Tieren arbeiten wollen. Immerhin hatte die Pädagogin einiges investiert, in die Tiere, Zäune, Futterraufen, Unterstände. Auch die laufenden Ausgaben sind nicht zu unterschätzen. Gut, dass sie mit ihrem Konzept offenbar einen Nerv traf. Seit HerzBerg Herdecke vor zwei Jahren seine Tore geöffnet hat, kommen sie in Scharen, egal ob Gruppen- oder Einzelangebote, Jahreszeitenfeste, Kindergeburtstage oder Filz- und Färberkurse. „Es läuft sehr gut, wie haben viele Anfragen", freut sich die Pädagogin. Der ein oder andere in Herdecke und Umgebung mag sich zwar wundern, warum jemand Geld dafür bezahlt, Zeit auf einer Schafweide zu verbringen, aber vielen Menschen ist genau das einiges wert. Das zeigt auch die Tatsache, dass es gleich zwei Stiftungen gibt, die Schulen und anderen Einrichtungen den Besuch auf dem HerzBerg finanzieren.

Besonders beliebt sind die umweltpädagogischen Angebote wie „Schafzeit", bei denen Teilnehmer 45 bis 90 Minuten mit den Tieren auf der Weide verbringen. Hier lernen sie viel über die verschiedenen Arbeiten des Hirten, über die Schafe und über ökologische Zusammenhänge." „Mit Hand, Herz und Kopf die Natur erleben", nennt Nic Koray das. Sie begleitet das Erlebnis mit Liedern und Geschichten und widmet sich mit den Kindern auch dem Thema Wolle. Dabei verarbeiten die Gruppen selbst Wolle und stellen ein kleines Andenken daraus her. Viele

der Kindergruppen kommen regelmäßig: „Das ist schön, weil sie so Tiere und Natur im Jahresverlauf immer anders erleben und Beziehungen zu den Tieren knüpfen können“, findet die Pädagogin.
Ebenso intensiv wie die Gruppenbesuche ist die Arbeit im Bereich Einzelförderung, zum Beispiel für Kinder, die in ihrem Selbstbewusstsein gestärkt werden sollen. Sie sind meist einmal pro Woche auf dem HerzBerg und verbringen mit Nic Koray Zeit bei den Schafen, den Kleintieren, Hunden oder den Hühnern. Die Pädagogin trainiert Fähigkeiten wie emotionale Kompetenz, Konzentrationsfähigkeit oder Kommunikation, in dem sie die Kinder wie selbstverständlich in die alltägliche Arbeit mit den Tieren einbindet. Während sie Heuraufen füllen, frisches Wasser in die Tränke laufen lassen oder den Zaun ablaufen und kontrollieren, ob er überall intakt ist, merken sie: „Ich kann das“, „Ich bin geschickt“, „Die Tiere brauchen mich“. Diese positiven Erfahrungen nehmen die Kinder mit, wenn sie wieder nach Hause fahren. Mindestens genauso wichtig ist eine andere Botschaft, die die Schafe mit ihrem Verhalten vermitteln: „Die Schafe nehmen die Kinder in ihre Mitte, egal, ob sie schüchtern oder selbstbewusst sind, groß oder klein. Die Tiere bewerten nicht, sondern nehmen jedes Kind so an, wie es ist.“
Bevor Besucher das erste Mal zu den Schafen dürfen, stimmt Nic Koray sie auf die Tiere ein. „Ich trage eine große Verantwortung den Tieren gegenüber“, weiß sie und ist in diesem Moment ganz die Hirtin, die ihre Schafe beschützt. „Wir konsumieren die Tiere und die Begegnung mit ihnen nicht“, das ist für sie ganz wichtig und da darf es schon mal eine klare Ansage sein, wenn doch jemand hinter den Schafen herläuft und Unruhe in die Herde bringt. Bei ihr buchen die Menschen die Angebote nicht, um Kuscheltiere anzufassen, sondern dafür, mit den Tieren Zeit zu verbringen, ihnen respektvoll gegenüberzutreten und sich auf sie und ihre Eigenheiten einzulassen und einiges über sie zu lernen.
Deshalb erzählt sie allen, die das erste Mal auf den HerzBerg kommen, etwas über den Umgang mit den Schafen und macht deutlich, was die Tiere nicht mögen. Erst, wenn klar ist, wie der Besuch so abläuft, dass auch die Schafe sich wohlfühlen, geht es auf die Weide. „Das klappt aber richtig gut. Auch bei Kindergruppen gibt es kein Tohuwabohu, die Tiere wirken von Anfang an beruhigend.“ Das ist die besondere Gabe der Schafe, ist sich Nic Koray sicher, wenn sie wieder einmal erlebt, wie 30 aufgeregte Schulkinder auf einmal ganz leise sind und ruhig darauf warten, dass die Schafe auf sie zukommen. „Ich begleite das, singe mit den Kindern ein Lied, lasse sie die Hunde kraulen und dann kommen die Schafe. Es gibt eine Zeit der Begegnung, die Kinder können das auf sich wirken lassen, die Tiere streicheln. Dann striegeln wir die Schafe, schauen, wie sich die Wolle anfühlt“, erläutert sie den Ablauf.
Zwischendurch vermittelt Nic Koray ihnen viel über die Natur und die Tiere – aber eher so nebenbei, zum Beispiel durch eine Geschichte, die sie erzählt, während die Schafe gestriegelt werden, oder ein Lied. Die Kinder sollen im Rahmen der Umweltpädagogik einiges mitnehmen, was ökologisches Handeln und Nachhaltigkeit angeht, „aber das darf nicht aufdringlich sein“, findet Nic Koray. Statt große Botschaften zu verkünden, setzt sie lieber darauf, dass die Kinder von den Erfahrungen im Umgang mit den Tieren lernen. Dass ihr Blick auf die Welt beim Umgang mit den Schafen und dem Erleben der Natur zusammen mit den Tieren ein wenig aufmerksamer wird.
Ein spezielles Training absolviert Nic Koray mit ihren Schafen nicht, um sie in der tiergestützten Pädagogik einzusetzen. „Schafe sind nie aggressiv, sie beißen oder treten nicht, wenn sie sich bedrängt fühlen, sondern gehen einfach weg“, weiß sie. Das gilt allerdings nicht für die Böcke, weshalb sie nur Mutterschafe hält – bis auf Hammel Silas, der sich mit seiner Anhänglichkeit einen Platz in der Herde erobert hat. „Ich habe ihn kastrieren lassen und er darf mitlaufen, das klappt wunderbar. Vor allem

„Schafe sind magisch. Sie erzählen so viel von alten Zeiten, von der Kunst, ganz im Augenblick zu leben und von Naturverbundenheit und Fürsorge für die Natur also Vergangenheit, Gegenwart und Zukunft auf vier Beinen und mit viel Wolle drum herum. Ich sag ja, magisch!"

Nic Koray

Jungs finden es richtig gut, auch ein männliches Tier dabeizuhaben", sagt die Pädagogin.
Ebenso wie für Silas gilt auch für die anderen Schafe, dass sie mehr oder weniger automatisch zahm werden. „Durch unseren behutsamen Umgang mit ihnen bauen die Tiere Vertrauen zu den Menschen auf", sagt Nic Koray. Dazu trägt ebenfalls bei, dass die Tiere Menschen von Anfang an gewöhnt sind, denn nur die ersten zwei bis drei Wochen nach der Geburt finden keine Seminare auf der Weide statt, damit Mutter und Nachwuchs sich in Ruhe aneinander gewöhnen können. Anschließend geht der normale Betrieb auf dem HerzBerg weiter, und dazu gehört der regelmäßige Besuch von Gruppen fremder Menschen auf der Weide. Die Lämmer sind damit von Anfang an daran gewöhnt, dass ihnen von Menschen keine Gefahr droht. Ganz im Gegenteil: Sie genießen die Aufmerksamkeit, beschnuppern die Besucher und lassen sich oft gern über das weiche Fell streichen.

Leckerli gibt es nur selten. „Ich möchte die Schafe nicht dazu erziehen, nur zu kommen, weil sie sich etwas zu fressen abholen wollen", winkt Nic Koray ab. Neugier soll die Motivation für ihre Schafe sein, sich den Menschen zu nähern. Alles andere würde dem Sinn ihrer Arbeit entgegenstehen, bei der es ja gerade darum geht, dass Mensch und Tier sich auf Augenhöhe begegnen und aufeinander zugehen, weil beide es wollen. Wer einen Apfel hinhält, damit das Schaf zu ihm kommt, stellt damit unterschwellig eine Forderung an das Tier: Ich darf dich streicheln, weil ich dir etwas zu fressen gebe. Gerade das aber soll auf dem HerzBerg nicht sein.
Ist ein Schaf zurückhaltender, so wie Coburger Fuchsschaf Jenna, die gerne erst einmal mit etwas Abstand und einer gewissen Skepsis auf Besucher reagiert, tut das seiner Eignung für die tiergestützte Therapie keinen Abbruch, findet Nic Koray. „Menschen sind auch nicht alle extrovertiert." Gerade dadurch, dass die Schafe zwar eine Herde bilden, aber alle etwas unterschiedlich in ihrem Charakter sind, vermitteln sie ihren Klienten: „Du darfst so sein, wie du bist. Jemand, der schüchtern ist, ist genauso Teil der Gemeinschaft wie jemand, der selbstbewusst ist." „Und so erleben die Teilnehmer die Schafe auch einmal als das, was sie eigentlich sind: Fluchttiere", ergänzt Nic Koray. „Das kann man in der HerzBerg-Herde leicht vergessen."
Ihre Verantwortung gegenüber den Tieren nimmt die Schafhalterin auch außerhalb der pädagogischen Angebote sehr ernst. „Ich bin da etwas extrem", gibt sie zu. „Es ist, als ob man ein Baby hat", lacht sie.

Zwei Mal läuft sie jeden Tag zur Weide, um zu kontrollieren, ob es Jenna, Jade und ihren Kolleginnen gut geht. Sind alle gesund, fressen sie ordentlich, humpelt eins? Den aufmerksamen Augen der Schafhalterin entgeht nichts. „Aber ich mache jeden Weg zu den Schafen gern, obwohl es viel Arbeit ist, man auch mal dreckig oder nass wird. Ich erlebe die bäuerlichen Tätigkeiten als tief befriedigend", sagt sie. Sie ist glücklich, mit dem was sie macht und dankbar dafür, jeden Tag das erleben zu dürfen, wegen dem ihre Klienten auf den HerzBerg kommen: im Herzen der Natur zu sein, im Einklang mit den Tieren und sich selbst, im Hier und Jetzt, in der Gemeinschaft der Schafe.

Seminare für Leitschafe

Wenn Lutz Heipmann Führungskräfte coacht, helfen ihm seine vierbeinigen Mitarbeiter. „Schafe sind Vollprofis, was das Konzept des Führens-Folgens angeht“, findet er. Auf seinem Hof im westfälischen Bünde schlüpfen Ingenieure oder Pastoren in Gummistiefel und versuchen mithilfe von Heipmanns Herde herauszufinden, was einen guten Anführer ausmacht.

Seine Mitarbeiter als „Schafe" zu bezeichnen, kommt wahrscheinlich nirgendwo gut an. Außer im Seminar von Lutz Heipmann. Als Coach bietet der 56-Jährige auf seinem Hof in Bünde, Kreis Herford, Seminare für Führungskräfte an. Immer dabei: seine Schafherde, mit deren Hilfe die Teilnehmer ihr theoretisches Wissen in die Praxis umsetzen. Wie das Ganze in natura abläuft, habe ich mir bereits im Sommer 2017 angeschaut. Als Nina und ich uns über die Menschen und Projekte, die wir in diesem Buch vorstellen möchten, unterhalten, fällt Lutz Heipmann mir sofort wieder ein. Ein Vollblutzüchter, der sich eine kleine Nolana-Herde aufgebaut hat und die Tiere außerhalb ihrer klassischen Nutzungsrichtungen (Fleisch, Milch, Wolle, Landschaftspflege) einsetzt – das finden wir beide spannend.

Anfang Januar dieses Jahres rufe ich Lutz an. Er ist ganz entspannt. „Ich mache ein Sabbatjahr", sagt er. Sabbatjahr bedeutet in diesem Fall, dass Lutz in seinem Job als Pastor für die Freie evangelische Gemeinde in Bünde für ein Jahr pausiert. „Außerdem lasse ich die Mutterschafe dieses Jahr nicht lammen", merkt er an. Das schafft Luft in Lutz' Terminkalender, der in der Regel sehr voll ist. Neben der Pastorenstelle – 50 Prozent in Teilzeit – und den Seminaren kümmert er sich um den Hof und um die Verwaltung einer ganzen Reihe von Immobilien. Macht ihm alles Spaß und er möchte auf nichts davon verzichten, doch: „Es fühlt sich gut an, für ein Jahr nicht mehr so viel Verantwortung zu tragen", stellt er fest.

Aufs Schaf gekommen ist Lutz bereits als Jugendlicher, erzählt er mir bei unserem Telefonat. „Ich hatte damals ein Pferd, das auf einem Bauernhof untergestellt war. Dort gab es auch Schafe. Als der Landwirt zwei Flaschenlämmer bekam, habe ich diese übernommen und aufgezogen." Damit ist die Begeisterung für diese Tierart nachhaltig geweckt. Lutz nimmt Kontakt zu einem Schäfer auf und nutzt die Schulferien, um bei ihm zu arbeiten und mehr über Schafe zu lernen. Nach und nach wächst seine kleine Herde, zwischenzeitlich auf 30 Schafe. „Das war aber nicht so professionell wie heute", erinnert er sich.

Einige Weiden und einen kleinen Stall, mehr hat er damals nicht. Die Mutterschafe der Rasse Ostfriesisches Milchschaf kreuzt er mit Texelböcken, die Lämmer werden an einen Schlachter verkauft.

Nach der Schule startet Lutz mit einer Ausbildung zum Tischler ins Berufsleben. Die Schafe behält er auch noch während der Lehre, doch als er den Wehrdienst bei der Bundeswehr antritt und zumindest während der Woche nicht mehr vor Ort ist, muss er mit der Schafhaltung aufhören. „Erst mit 45 Jahren bin ich wieder zum Schafhalter geworden", sagt er. Vorher fehlt es an Zeit und dem passenden Ort. Denn sein Lebensweg führt zunächst in eine andere Richtung: Durch eine Lebenskrise findet er zum Glauben. „Ich habe gebetet, und auf einmal kam das Gespür:

Ja, es gibt einen Gott, der mich durchs Leben begleiten will." Dieses Gefühl hat ihn seitdem nie mehr verlassen. Er sattelt um, verlässt das ländliche Bünde und studiert Theologie. Als Pastor ist er seitdem für den Bund Freier evangelischer Gemeinden in Deutschland tätig. Sein Spezialgebiet: Gemeindegründungen.
Diese Tätigkeit führt Lutz nach Gießen und Lübeck. „Mitarbeiterführung ist für Pastoren immer ein Thema", stellt er dabei fest. „Einer muss sich darum kümmern, dass die Gemeinschaft funktioniert und etwas bewegen kann", sagt er. Bei Berufskollegen sieht er, dass es oft Probleme gibt, nicht zuletzt, weil Führung infrage gestellt wird. Lutz entschließt sich, eine Ausbildung zum Coach zu absolvieren. Doch wie lässt sich das Konzept einer guten Führung anschaulich vermitteln?
Unwillkürlich denkt der Pastor dabei an Schafe. „Schafe sind Vollprofis, was das Konzept des Führen-Folgens angeht. Außerdem ist das Zusammenspiel von Schäfer und Schafen das biblische und antike Archebild der Menschenführung." Dieses Zusammenspiel müssten Menschen von Schafen lernen können, ist er überzeugt. Und probiert in Lübeck zunächst mit Freunden und Bekannten aus, wie sich ein Führungskräfteseminar mit Schafen gestalten lässt. Dazu „leiht" er sich die Tiere einer befreundeten Züchterin aus. Drei Probeläufe später ist er sich sicher: Das Konzept geht auf. Doch mit fremden Schafen fehlt ihm die Vertrautheit, die man mit einer eigenen Herde aufbaut. Also entschließen sich Lutz und seine Frau Marion vor zwölf Jahren, mit ihren vier Kindern neu anzufangen. In Bünde, auf dem elterlichen Hof des Pastors, wo es Stallungen und Weiden gibt.
Während Lutz als Pastor in Bünde anfängt und die nächste Gemeindegründung in die Wege leitet, startet die Restaurierung der Hofgebäude. Keine leichte Aufgabe, denn die Gebäude sind stark runtergekommen und stehen teilweise unter Denkmalschutz. Der Umbau zu einem modernen Seminarzentrum erfordert beträchtliche Investitionen und die Zusammenarbeit mit dem Bauamt stellt die Heipmanns vor Herausforderungen. Gleichzeitig startet der Aufbau der Schafherde. Über die Frage, welche Rasse er züchten möchte, braucht Lutz nicht lange nachzudenken. Nolanas sollen es sein, eine relativ junge Rasse, die robust und fruchtbar ist und einen guten Fleischansatz hat. Die Tiere werfen zudem ihre Wolle selbst ab, sodass eine Schur überflüssig ist. „Züchterisch gibt es derzeit in Deutschland keine interessantere Rasse", ist Lutz auch heute noch von seiner Wahl überzeugt. Er steckt viel Herzblut in die Zucht, tritt in den Schafzuchtverband ein, lässt seine Tiere ins Herdbuch aufnehmen und selektiert mit gutem Auge. „Züchterisch bin ich mittlerweile auf einem guten Niveau angekommen", ist er zufrieden. „Die Herde ist sehr gleichmäßig, auch bei Drillingslämmern habe ich ohne Zufüttern mit der Flasche selten einen Mickerling dabei. Dass die Mutterschafe auch für drei Lämmer genug Milch haben, ist ein gutes Zeichen." Mittlerweile wird die Mehrheit der Lämmer zur Zucht verkauft und kann sich über eine sehr gute Beurteilung freuen. Einziger Wermutstropfen bei den Nolanas: Es gibt nur eine begrenzte Zahl an Herdbuchzüchtern hierzulande und damit auch nur einen überschaubaren Genpool. „Einen neuen Zuchtbock zu finden, der frisches Blut in meine Herde bringt, ist deshalb manchmal schwierig", ist Lutz' Erfahrung.
Während der Bauphase beginnt der Pastor bereits mit seiner Coaching-Tätigkeit und gründet „Scharfsinn-Coaching". „Damals haben die Teilnehmer noch mit uns in der Küche gegessen und das Familienbadezimmer genutzt", erinnert er sich mit einem Schmunzeln an die ersten Seminare. Während er bei Kunden aus dem kirchlichen Bereich den Vorteil hat, dass ihn etliche durch seine Position in der Kirche bereits kennen und deshalb der ungewöhnlichen Seminargestaltung gegenüber sehr offen sind, fordert die Akquise von nicht kirchlichen Kunden deutlich mehr Einsatz. „Innerhalb der Kirche spricht sich so etwas rum, da geht auch viel über Mundpropaganda, wenn jemand ein Seminar bei mir besucht hat", merkt Lutz an. Externe Kunden finden die Idee mit den Schafen zwar erst einmal interessant, können sich aber nicht viel darunter vorstellen. „Oft sind die Mitarbeiter der Firmen

technisch geprägt und haben keinen Bezug zu Schafen oder zur Landwirtschaft."
Da muss der Schäfer ein Stück weit Überzeugungsarbeit leisten und erläutern, warum die praktischen Übungen mit den Schafen eine gute Ergänzung zum theoretischen Part sind. Neugier und der Wunsch, mal eine andere Form von Seminaren auszuprobieren, zählen zu den Gründen, warum Firmen ihre Führungskräfte zum Schaf-Coach schicken. Auch wenn einige Teilnehmer anfangs etwas skeptisch sind, am Ende sind die Rückmeldungen durchweg sehr positiv. „Bilder prägen sich mehr ein als Worte. An die Erlebnisse mit den Schafen erinnern sich die Teilnehmer noch lange", berichtet Lutz. Inzwischen haben sich die Seminare so weit etabliert, dass in der Regel etwa eines im Monat stattfindet, was für Lutz genau der Umfang ist, den er sich vorgestellt hat und der sich mit den anderen Tätigkeiten vereinbaren lässt.
Bei meinem Besuch im Sommer 2017 ist Pastor Thomas Stracke mit einer Jugendgruppe zu Gast in Bünde, das vierte Jahr in Folge. Die Seminare sind Teil eines Trainingspaketes, das die Jugendgruppenleiter für ihre Aufgabe fit machen soll. Vor allem die praktischen Übungen kommen bei den jungen Erwachsenen gut an und werden als sehr hilfreich bewertet. „Das eigene Erleben von Führungsmechanismen in den Übungen mit den Schafen ist super", findet Stracke. An der Herde zeige sich, wie Gruppendynamik funktioniert und welchen Einfluss der Hirte hat.
Nach einer theoretischen Einführung geht es deshalb direkt rein in die Gummistiefel und raus auf die Weide. Schon beim Holen der Herde von der Weide zeigt sich, dass die Theorie manchmal einfacher ist als die Praxis. Warum folgen mir die Tiere nicht, fragt sich so mancher Teilnehmer. Vor allem, wenn Lutz zeigt, wie brav die Schafe ihm hinterherlaufen. „Wenn ich die Herde mit Druck in eine Richtung treiben möchte, funktioniert es nicht. Dann laufen die Tiere auseinander", erklärt er. Stattdessen baut er auf Vertrauen im Umgang mit seinen Vierbeinern – und das gilt auch für die Führung von Menschen, lernen die Seminarteilnehmer an diesem Samstagnachmittag. „Eine gute Führung hat nichts mit Dominanz zu tun", stellt Lutz klar. Stärke oder Überlegenheit kann man schnell demonstrieren, aber Vertrauen zu gewinnen, das kostet Zeit. „Ich habe fast ein Jahr gebraucht, um das Vertrauen meiner Herde zu gewinnen", berichtet der Coach. Die Tiere müssen sich beschützt fühlen. Zusammen mit den Jugendlichen überträgt Lutz diesen Aspekt auf Menschen. „Es geht als Führungskraft und Leiter darum, ein sicheres Umfeld zu schaffen, einen Raum, in dem der andere das Gefühl hat, hier darf ich auch mal Fehler machen, ohne dass etwas passiert." Denn wer immer Angst habe, etwas falsch zu machen, egal ob als Mitarbeiter einer Firma oder als ehrenamtlicher Helfer oder Mitglied einer Jugendgruppe, macht im Zweifel lieber: nichts.
Beschützen bedeutet auch, dass Angreifer von außen auf Abstand gehalten werden. Bei den Schafen ist dies zum Beispiel der Wolf, den der Schäfer von seinen Tieren fernhält. Das demonstriert Lutz mithilfe von Figuren, die er im Garten aufgebaut hat. Die Teilnehmer stellen sich zwischen Wolf und Schaf, machen sich groß und zeigen dem Raubtier: Stopp, an mir kommst du nicht vorbei. „Als Jugendgruppenleiter trefft ihr auch auf ‚Wölfe'", erläutert Lutz. Das kann zum Beispiel ein Elternteil oder Gemeindemitglied sein, das sich in die Arbeit der Teilnehmer einmischt und vorschreiben möchte, wie die Gruppe zu leiten ist. „Wie gehe ich angemessen mit Kritik um, auch wenn sie unsachgemäß vorgebracht wird?", wollen die Seminarteilnehmer wissen. Frühzeitig deeskalieren ist die beste Strategie, findet Lutz. Hilft das jedoch nicht, heißt es: souverän auftreten und eine genaue Ansage machen. Damit der menschliche Konfliktpartner – ebenso wie der tierische Wolf – erkennt: Hier ist eine Grenze, die ich nicht überschreiten darf.
„Der Umgang mit den Schafen ist für mich eine Glücksquelle und gleichzeitig immer noch ein wunderbares Lehrbeispiel für den Umgang mit Menschen", erklärt Lutz mir am Telefon. Immer wieder findet er Anregungen für seine Arbeit als Pastor, aber auch für den Inhalt der Seminare bei den täglichen Arbeiten mit den Schafen. „Als ich mich für das Sabbatjahr entschieden

habe, war klar, dass die Gemeinde keinen anderen Pastor für diese Zeit bekommt, sondern Laien meine Aufgaben übernehmen werden. Eine ähnliche Situation hatte ich in meiner Schafherde, als ich ein paar Altschafe an einen anderen Züchter abgegeben habe. An ihrer Stelle kamen Jungschafe in die Herde, die viel Potenzial hatten und sich richtig gut entfalten konnten. Ähnlich ist es in der Gemeinde: Ohne mich können diejenigen, die bislang in der zweiten Reihe gestanden haben, mehr Verantwortung übernehmen und daran wachsen. Das wird auch über das Jahr hinaus Früchte tragen und ist gut für die Gemeinde", erzählt er.

Seine Beziehung zu den Schafen beschreibt Lutz als sachlich, aber im Gespräch merkt man ihm die enge Bindung zu seinen Tieren an. Auch nach zwölf Jahren als Züchter fällt es ihm noch schwer, sich von Tieren zu trennen. Vor allem dann, wenn sie nicht zu einem anderen Züchter kommen, sondern geschlachtet werden. „Wenn Tiere zum Schlachter gehen, ist das immer ein schlechter Tag. Da lade ich mir abends keine Freunde ein", merkt er an. „Auf der anderen Seite gehört das dazu, und ich esse ja auch Fleisch." Denn die Schafe sind eben Nutztiere, keine Hunde und Katzen, findet er. Eine klare Ausnahme bildet das Leitschaf seiner Herde: „Das ist so richtig Bonding, was ich mit diesem Schaf erlebe. Wenn ich auf die Weide komme, kommt es sofort an, legt den Kopf auf meine Schulter und lässt sich ausgiebig kraulen." Dieses enge Verhältnis hat Auswirkungen auf das Verhalten der gesamten Herde. „Wenn ich rufe, sehen die anderen Schafe, dass das Leitschaf kommt. Also folgen sie, denn das Leitschaf gibt in der Herde die Richtung vor." Klar, dass der Schaf-Coach sofort eine Parallele zum Berufsleben zieht: „Das zeigt mir, wenn ich als Führungsperson guten Kontakt zu den Teamleitern habe, die unter mir arbeiten, überträgt sich das auf das gesamte Team und alle ziehen mit." Wieder eine Erkenntnis, für die er seinen Schafen dankbar ist.

Nina Sieverding

Nina Sieverding wuchs in der niedersächsischen Provinz auf, wo ihr ihre Großmutter mit elf Jahren das Stricken beibrachte. Das Interesse für Wolle und ihre vierbeinigen Produzenten hat sie seitdem nicht mehr losgelassen. Sie studierte Design in Braunschweig, Bremen und Valencia; „Schaf und Mensch“ basiert auf ihrer Abschlussarbeit an der Hochschule für Künste Bremen. Seit 2020 verantwortet sie die Chefredaktion des Designmagazins „form“.

Anne Huntemann

Anne Huntemann wuchs auf einem Bauernhof in Niedersachsen auf – mit Schafen, Pferden, Schweinen und Hunden. Nach dem Agrarstudium jobbte sie in Neuseeland auf einer Schaffarm. Beim Wochenblatt für Landwirtschaft und Landleben schrieb sie etliche Jahre über die Herausforderungen der Schaf- und Ziegenhaltung. Inzwischen hält sie selbst Nolanas.

Dank

allen Porträtierten

Leonie Guzy

Jonathan Horstmann

Eva Klauss

Roland Lambrette

Maximilian Oehme

Tania Prill

Kristin Sommer

Ursula Zillig

Markus Barkhausen

Wochenblatt für Landwirtschaft und Landleben

Quellenverzeichnis

Literatur

Chifflard, Hans; Reinhardt, Manfred: Wanderschäferei. Stuttgart 2013

Fuhr, Eckhard: Schafe. Ein Portrait. Berlin 2017

Haid, Hans: Das Schaf. Eine Kulturgeschichte. Wien, Köln, Weimar 2010

Rebanks, James: Mein Leben als Schäfer. München 2016

Reinhardt, Manfred: Das goldene Vlies. Als die Merinoschafe nach Württemberg kamen. Münsingen 2006

Sambraus, Hans Hinrich: Gefährdete Nutztierrassen. Ihre Zuchtgeschichte, Nutzung und Bewahrung. Stuttgart 1994

Internet

Ruhnau, Michael: Rauhwollige Pommersche Landschafe – eine seltene, alte Schafrasse stellt sich vor. Unter: michael-ruhnau.com/wp-content/uploads/2016/06/Rauhwollige-Pommersche-Landschafe.pdf

Schafzuchtverbände Niedersachsen: Schafrassen. Unter: schafzucht-niedersachsen.de

Starbek, Roman: Das Gescheckte Bergschaf. Unter: geschecktesbergschaf.de/rassen.htm

Täuber, Verena: Die Geschichte einer bodenständigen Landschafrasse. Das Coburger Fuchsschaf. Unter: agfuchsschaf.de/das-fuchsschaf-1/historie

Täuber, Verena: Schafrassen der Mittelgebirge. Das Coburger Fuchsschaf. Unter: g-e-h.de/images/stories/rassebeschreib/schaf/Das Coburger Fuchsschaf.pdf

Weiterführende Links

Handtmann, Joachim und Jorin: www.hofmeierei.de

Heipmann, Lutz: www.scharfsinn-coaching.de

HerzBerg Herdecke/Nic Koray: www.herzberg-herdecke.de

Interessengemeinschaft Teutoburger Wald e. V.: www.ig-teuto.de

Neyer, Jörg: www.windmuehlenhof.de

Impressum

Texte
Nina Sieverding (S. 10–29; 36–49; 74–125; 134–153)
Anne Huntemann (S. 30–35; 50–71; 126–131; 156–169)
Auszüge aus „Immer auf Achse" und „Seminare für Leitschafe"
sind im Wochenblatt für Landwirtschaft und Landleben erschienen
(Ausgabe 41/2012 bzw. Ausgabe 40/2017).

Abbildungsnachweise
Titelfoto: Nina Sieverding; S. 2–9: Fotos: Nina Sieverding; S. 10–15: Fotos, Abbildung: Finkhof; S. 16–19: Fotos: Nina Sieverding; S. 20/26/29: Fotos: Frauke Ahrend/Initiative Handarbeit; S. 23: Foto: Eva Klauss; S. 32: Foto: Jörg Ibsen; S. 33 (oben): Foto: privat; Foto S. 33 (unten): Zdenek Balzer; S. 36–41: Anne Schwalbe für Von Kittel; S. 42–49: Fotos: Nina Sieverding; S. 50/53/54: Fotos: Anne Huntemann; S. 58/59: Foto: Nina Sieverding; S. 61/64/66/69/71: Fotos: Anne Huntemann; S. 72/73: Foto: Nina Sieverding; S. 74–85: Fotos: Valentin Wedde; S. 86: Foto: Nina Sieverding; S. 88–101: Illustrationen: Daniela Heiny; S. 102–125: Fotos: Nina Sieverding; S. 126: Foto: Denise Rupprecht; S. 129: Foto: Kristin Gilhaus; S. 130–131: Fotos: Denise Rupprecht; S. 132–145: Fotos: Nina Sieverding; S. 146: Foto: Valentin Wedde; S. 149–155: Fotos: Nina Sieverding; S. 157/158/162: Fotos: Nic Koray; S. 165/166: Fotos: Esma Kizilbagli; 169: Fotos: Privat; S. 170: Foto: Yoshiko Jentczak; S. 173: Foto: Bernadette Lütke Hockenbeck

Wir verwenden in allen Texten das generische Maskulinum, weisen aber ausdrücklich darauf hin, dass sämtliche Ausführungen für alle Geschlechter gelten.

LV·Buch im Landwirtschaftsverlag GmbH, 48084 Münster

Gestaltung: Anne Gäng, LV MediaPro im Landwirtschaftsverlag GmbH
Druck: Grafisches Centrum Cuno GmbH & Co. KG, Calbe
ISBN 978-3-7843-5663-1